Bibliografische Information der Deutschen Nationalbibliothek
Die Deutsche Nationalbibliothek verzeichnet diese Publikation in der Deutschen Nationalbibliografie; detaillierte bibliografische Daten sind im Internet über http://dnb.d-nb.de abrufbar.

Verlagsdaten und Impressum

@2007 Bastian Ebert
Titelgrafik unter Creative Commons sharealike
by 4_EveR_YounG

Herstellung und Verlag: Books on Demand GmbH, Norderstedt

ISBN 978-3-8370-1503-4

ERFOLGREICHER BLOGGEN

Suchmaschinenoptimierung und Marketing für Blogs

von Bastian Ebert, Gründer und Autor von
http://blogs-optimieren.de

Inhaltsverzeichnis

A **Vorwort** 6

1. **ALLGEMEINES** 9
   1.1 Aufbau und Einrichtung des Blog 10
      1.1.1 Hardware und Software 10
      1.1.2 Kostenlose Systeme 13
      1.1.3 Eigene Domains 14
      1.1.4 Eigener Webspace 15
      1.1.5 Eigener Server 16
   1.2 Den Blog konfigurieren 20
      1.2.1 Spamschutz 20
      1.2.2 Statistik und Tracking 22
      1.2.3 Follow oder Nofollow 27

2. **SUCHMASCHINEN OPTIMIERUNG** 28
   2.1 Allgemeines 28
   2.2 Offpage-Optimierung 28
      2.2.1 Fachbegriffe: 28
      2.2.2 Die richtigen Keywörter 28
      2.2.3 Automatischer Backlink-Aufbau 28
      2.2.4 Manueller Backlink-Aufbau 28
   2.3 Onsite Optimierung 28
      2.3.1 Themeaufbau 28
      2.3.2 URL-Aufbau 28
      2.3.3 Interne Verlinkung 28
      2.3.4 Content-Optimierung 28

3. WORDPRESS TUNEN 28
   3.1 Theme-Optimierung 28
   3.2 Cache 28
   3.3 Datenbank: Wartung und Optimierung 28
   3.4 Den Adminbereich beschleunigen 28

4. VERMARKTUNG 28
   4.1 Wie generiert man Einnahmen mit einem Blog?... 28
   4.2 Werbeformate: 28
      4.3.1 Banner 28
      4.2.2 Popups und Layer: 28
      4.2.3 Textlinks: 28
      4.2.4 Andere Werbeformen: 28
   4.3 Abrechnungsformen 28
   4.4 Anzeigenplatzierung und Layout 28
   4.5 Google-Adsense 28
   4.6 Affiliate Netzwerke 28
   4.7 Sponsornetzwerke: 28
   4.8 Blogwerbung 28
   4.9 Abrechnung von Provisionen 28

5. FEHLER UND PROBLEME 28
   5.1 Double Content 28
   5.2 Die Sandbox 28

VORWORT

Der Hintergrund:

Bloggen ist in. 880.000 Internetnutzer in Deutschland bloggen, fast die Hälfte davon beschäftigt sich damit mehr oder weniger regelmäßig. Die sogenannte Blogsphäre, die auch die Leser der Blogs mit einschließt, zählt immerhin gut zwei Millionen Nutzer. (1)

Um gelesen zu werden ist es notwendig, interessante Themen zu haben und über diese Neues berichten zu können. Wie auch im Bereich von Zeitungen und Zeitschriften ist nichts so uninteressant wie die Schlagzeile von gestern.
Gute Inhalte aber allein reichen im Internet nicht aus um Leser zu finden. Bei der Vielzahl der Internetseiten besuchen interessierte Leser meist nur bekannte Seiten oder aber jene, die man in den Suchmaschinen weit vorn findet. Als Blogger muss man daher sowohl lesenswerte Artikel schreiben als auch dafür sorgen, dass diese im Internet leicht aufzufinden sind.

Das Schreiben selbst ist dabei weniger das Problem, denn die meisten Blogger sind textaffin und Interessantes zu berichten gibt es im Internet in der Regel genug.
Schwieriger ist es, in der komplizierten Welt der Suchmaschinen und der Internet-Verlinkungen eigene Inhalte richtig und prominent zu

positionieren und zu behaupten. Die wenigsten Blogger haben sich intensiv mit Suchmaschinenmarketing beschäftigt oder wollen dies in Zukunft tun.

Das ist der Punkt an dem dieses Buch ansetzen soll: Ziel ist es, die Mechanismen der Suchmaschinenoptimierung einfach und schnell aufzubereiten und mit praxisbezogenen Tipps zu helfen, den eigenen Blog bekannter zu machen. Das Buch richtet sich dabei an den internetaffinen Blogger. Eine Fachausbildung im IT-Bereich ist nicht notwendig um die hier angesprochenen Optimierungen umzusetzen, es reicht, wenn man sich mit der eigenen Blogsoftware und dem dazugehörigen Adminbereich gut auskennt.

Einige Grundkenntnisse in den Bereichen HTML sind von Vorteil, aber keine Grundvoraussetzung für die nachfolgenden Tipps und Tricks.

ALLGEMEINES

1.1 Aufbau und Einrichtung des Blogs
1.1.1 Hard- und Software
1.1.2 Kostenlos Systeme
1.1.3 Eigene Domain
1.1.4 Eigener Webspace
1.1.5 Eigene Server

1.2 Den Blog konfigurieren
1.2.1 Spamschutz
1.2.2 Statistik und Tracking
1.2.3 Follow oder Nofollow

1.1 Aufbau und Einrichtung des Blog

1.1.1 Hardware und Software

Dieses Buch soll sich in erster Linie an Blogger richten, die bereits über Erfahrung und damit auch einen oder mehrere Blogs verfügen. Die Frage nach der Hardware oder dem Betrieb eines Blogs ist damit vordergründig bereits beantwortet, da sie ja schon über ein funktionierendes System verfügen.

Ziel dieses Buches ist es aber auch den Kreis der Blogleser zu erweitern und die Besucherzahlen zu steigern. Vor diesem Hintergrund kann es daher nicht verkehrt sein, sich auch über die Leistung des eigenen Angebotes ein paar Gedanken zu machen - ein System dass derzeit recht stabil und gut läuft kann mit 1000 Usern mehr am Tag schnell überfordert sein.

Die Frage nach der Software ist schnell beantwortet. Wordpress ist derzeit die beliebteste Blog-Software mit einem Marktanteil von fast 20 Prozent (2) in Deutschland und dieses Buch richtet sich daher in erster Linie an Nutzer von Wordpress.

Die Vorteile von Wordpress sind dabei vielfältig. Die Software ist komplett kostenlos und unterliegt der GNU GENERAL PUBLIC LICENSE in der Version 2. Damit darf die Software zu jedem Zweck genutzt werden, kommerzielle Nutzung ist ebenfalls erlaubt (3).

Die Software wird derzeit ständig weiterentwickelt und es existiert international und national eine große Community, die Themes und Plugins für alle Belange anbietet.

Wordpress ist sehr einfach zu installieren, bringt ein eigenes Installationsprogramm mit, das kaum Grundkenntnisse voraussetzt und anspruchslos im Bezug auf die Systemvoraussetzungen daher kommt. Neben einer Datenbank und einem Webspace mit php-Anbindung wird an sich kaum etwas benötigt.

Die Anforderungen an die Hardware sind damit sehr gering und für die Auswahl der Hardware bzw. des Systems auf dem man Wordpress zum Laufen bringen möchte, sollten sich in erster Linie nach den Kosten und dem erwarteten Useransturm richten.

Für die Installation werden folgende Komponenten benötigt:

- PHP Version 4.2 oder höher
- MySQL Version 4.0 oder höher

Mehr Anforderungen gibt es nicht, diese Komponenten sind bei den meisten Hostingangeboten bereits enthalten. Nur sehr kostengünstige Pakete verzichten manchmal auf php als Scriptsprache oder bieten keine Datenbank dazu.

Für die spätere Optimierung ist es dazu wichtig, ein System zu nutzen, welches das Apache mod_rewrite Modul unterstützt. Damit kann man die URLs des Blogs suchmaschinenfreundlich formatieren. Wordpress läuft auch ohne dieses System, die Optimierung ist so aber eher eingeschränkt. Bei der Einrichtung eines neuen Systems sollte daher immer auch darauf geachtet werden, ob mod_rewrite möglich ist oder nicht.

1.1.2 Kostenlose Systeme

Blogdienste sind derzeit sehr populär. Damit sind Anbieter gemeint, die kostenlos Blogs hosten. In der Regel reicht eine simple Anmeldung und man bekommt eine eigene Subdomain oder ein Verzeichnis und kann sofort losbloggen. Vielfach werden bereits vorinstallierte Themes zur Verfügung gestellt, mit denen man den eigenen Blog mehr oder weniger individuell anpassen kann.

Ein paar Links (keine vollständige Auswahl):

- www.myblog.de
- www.blogspot.com
- www.blogg.de

Der Nachteil solcher Systeme besteht in der geringen Flexibilität. Da man in der Regel am Blogsystem selbst kaum Änderungen vornehmen kann, sind viele Möglichkeiten zur Optimierung und Anpassung nicht nutzbar.
Darüber hinaus besitzt man keine eigene Domain. Diese wird vom Blogdienst zur Verfügung gestellt und verbleibt natürlich auch im

Eigentum des Dienstes. Ansprüche auf die Domain hat man als Blogger bei einem Blogdienst nicht, auch wenn man 100.000 Leser täglich hätte. Man steigert mit der eigenen Arbeit im Prinzip auch die Popularität des Dienstes, dafür darf an die Ressourcen des Dienstes kostenlos nutzen.

Für erste Schritte mit einem Blog oder das schnelle Publizieren von Inhalten sind Blogdienste vollkommen ausreichend. Wer sein Projekt etwas professioneller ausrichten möchte, sollte aber von Blogdiensten eher Abstand nehmen und ein paar Euro in eigenen Webspace und eine Domain investieren.

1.1.3 Eigene Domains

Domains gibt es je nach Anbieter und Level-Endung (.de) für 5 bis 100 Euro im Jahr. Deutsche Domains sind für ca. 12 Euro jährlich erhältlich, am besten ist es dabei, wenn man die Domain unabhängig vom Webspace hosten lässt. Anbieter wie United-Domains oder Evanzo bieten dazu kostengünstige Lösungen an.

Der Vorteil daran besteht in der Möglichkeit die Weiterleitung der Domain unkompliziert zu ändern. Soll die Domain auf einen neuen

Webspace umziehen oder möchte man auf einen größeren Server wechseln, kann so schnell die Domain auf den neuen Webspace aufgeschaltet werden ohne dass umständliche Domaintransfers notwendig sind.

Es gibt im Internet auch Domainanbieter, die kostenlos "unechte" Domains mit .vu Endungen und Ähnlichem anbieten. Leider wird bei den meisten dieser Anbietern Werbung eingeblendet, dazu gelten solche Domains mittlerweile als eher wenig professionell.

1.1.4 Eigener Webspace

Viele Anbieter im Netz offerieren kostengünstigen Webspace. Die Angebote beginnen je nach Ausstattung bei unter einem Euro und reichen bis weit über 10 Euro monatlich.

Webspace bedeutet dabei, dass man keinen eigenen Server mietet, sondern nur einen Platz auf einem Server. In der Regel teilen sich 50 bis 500 User einen Server, entsprechend limitiert sind Speicherplatz, Traffic und Leistung, denn die Serverkapazitäten können von allen Usern genutzt werden.

Normaler Webspace ist kostengünstig und bietet (anders als bei

Blogdiensten) die Möglichkeit, die Blogsoftware in Eigenregie zu verwalten, anzupassen und zu verändern.

Bei Blogs die im Durchschnitt ca. 100 Besucher pro Tag haben, lohnt sich ein eigener Server noch nicht, Webspace ist für diesen Zweck jedoch genau maßgeschneidert. Allerdings sollte man sich im Klaren sein, dass damit das Wachstum limitiert ist. Bei größeren Userzahlen wird der Blog schnell sehr langsam, im schlimmsten Fall (bei zu viel Ressourcenverbrauch) kündigt der Webspace-Betreiber vielleicht sogar den Webspace.

1.1.5 Eigener Server

Für größere Blogs lohnt es sich daher, auf Serversysteme zurückzugreifen. Bei weniger als 100 Besuchern am Tag kann man dabei virtuelle Server nutzen. Diese sind preisgünstiger als Rootserver, bieten dafür nicht ganz so viel Leistung. Erst im High-End-Bereich lohnt sich ein eigener Rootserver.

Neben der Leistung haben Rootserver den Vorteil, dass sich das Betriebssystem direkt beeinflussen lässt. Wie bei einem eigenen

Rechner kann man das Betriebssystem verändern und eventuelle Zusatzmodule oder Upgrades installieren. Die Kehrseite der Medaille ist die volle Verantwortung für den Server. Jeder Serverbesitzer muss selbst dafür sorgen, dass der Server und das Betriebssystem aktuell bleiben. Auch die Sicherheit des Systems liegt beim Serverbesitzer.

Bei V-Servern sorgt meistens der Anbieter für das Betriebssystem, aber auch hier gibt es virtuelle Root-Varianten, die fast ebenso flexibel wie richtige Rootserver sind, dafür aber auch Erfahrungen im Umgang erfordern.

Wer sich nicht sicher ist, ob er mit einem Server-Betriebssystem umgehen kann oder will, sollte daher lieber auf einen V-Server ohne Root-Zugriff oder aber auf einen gemanagten Server zurückgreifen.

Begriffe:

Bei der Suche nach dem richtigen System tauchen in den Angeboten der verschiedenen Hoster immer wieder typische Begriffe zur Leistung der Server bzw. des Webspaces auf. Ein paar der wichtigsten Begriffe sind hier erklärt.

Traffic Der Traffic gibt das monatliche Transfervolumen an. Jeder Aufruf verursacht die Übertragung von Dateien, deren Größe wiederum bestimmt, wie viele Daten übertragen werden müssen. Aufsummiert ergibt dies den täglichen oder monatlichen Traffic. Grafiken und insbesondere Videos sind sehr traffic-intensiv, purer Text benötigt wenig Datenvolumen. Viele Anbieter offerieren Flatrates für den Traffic. Ohne Flatrate sollte man den monatlichen Traffic immer im Auge behalten und lieber etwas großzügiger dimensionieren, denn bei Überschreitung der Inklusiv-Datenmengen kann es teuer werden.

Leistung Die Prozessorleistung bestimmt, wie schnell Anfragen verarbeitet werden und wie viele Anfragen damit gleichzeitig an den Server gestellt werden können. Größere Prozessoren sind leistungsfähiger aber auch teurer. Für normale Blogs sollte aber auch ein günstigerer Prozessor reichen, denn bei weniger als 1000 Besuchern am Tag langweilt sich auch ein kleiner Prozessor fast die gesamte Zeit.

RAM Ähnlich wie beim Prozessor bestimmt auch der RAM die Geschwindigkeit der Datenverarbeitung. 128 Megabyte sollten im Normalfall reichen um einen flüssigen Blog zu garantieren. Server sind meist mit RAM ab 512 Megabyte aufwärts ausgestattet.

zugesicherter Speicher Dieser Begriff stammt aus dem Bereich der virtuellen Server. Hier teilen sich mehrere Nutzer ein System und damit auch einen Speicher. Die Höhe des zugesicherten Speichers bestimmt, wie viel Speicher immer zur Verfügung steht, auch wenn die anderen Nutzer gerade den Server stark belasten.

Festplatte Wie auf dem heimischen PC auch ist die Größe der Festplatten entscheidend dafür, wie viel Daten auf dem Server dauerhaft gespeichert werden können. Im Webspace-Bereich ist dieser Wert relevant, denn hier teilen sich viele User eine Festplatte. Wordpress benötigt mit Plugins und Grafiken etwa 5 Megabyte an Speicher, 20 bis 50 Megabyte sind aber immer besser, da beim Schreiben der Artikel auch Grafiken auf den Server geladen werden, die natürlich ebenfalls auf der Festplatte Speicherplatz belegen.

1.2 Den Blog konfigurieren

1.2.1 Spamschutz

Blogs sind dank der Möglichkeit, usergenerierte Inhalte schnell hinzuzufügen und auch aufgrund der automatischen Linkerkennung und -verarbeitung ein gutes Ziel für Spammer. Dazu gibt es eine Vielzahl von Suchmaschinen und Portalen über die man Blogs schnell identifizieren kann, es ist damit sehr einfach maschinell Listen mit potentiellen Spamopfern zu erstellen.

Ein Hauptangriffspunkt für Spammer ist natürlich die Kommentarfunktion. Auch wenn vielfach nicht die Möglichkeit besteht, html-Links im Kommentarbereich zu veröffentlichen, nutzen viele Spambots die Formulare um automatisch für Sex, Drogen oder Glücksspiel zu werben. Neben dieser Schwachstelle gibt es noch sogenannten Trackback-Spam, der die Pingback- oder Trackback-Funktion des Blogs nutzt, um Spam in einem beliebigen Artikel zu platzieren.

Wordpress bietet die Möglichkeit, den Kommentarbereich zu

moderieren oder ganz abzuschalten, jedoch ist ersteres mit sehr viel Arbeit, letzteres mit dem Verlust von Feedback verbunden. Auch die Pingbacks und Trackbacks kann man deaktivieren, damit verbunden ist natürlich auch der Verlust der Möglichkeit auf andere Artikel bzw. Zitate zu reagieren. Daher empfiehlt sich keine dieser Möglichkeiten.

Die derzeit beste Lösung für dieses Problem ist ein Plugin, dass Spamseiten und Spamkommentare filtert. In Wordpress ist mit Akismet ein solches Plugin bereits standardmäßig mitgeliefert. Das Plugin prüft Einträge anhand einer zentralen Datenbank und verschiebt sie bei Übereinstimmung direkt in den Spamordner. Ein manuelles Eingreifen ist nicht erforderlich.

Das Plugin ist zwar vorinstalliert, muss aber erst aktiviert werden, bevor der Spamschutz greift. Zum Betrieb von Akismet ist es erforderlich, sich bei Wordpress.com zu registrieren um einen API-Schlüssel zu bekommen. Dieser wird im eigenen Blog hinterlegt und damit ist das Tool betriebsbereit. Die Nutzung selbst ist für den privaten Gebrauch kostenlos, nur bei kommerzieller Nutzung (mehr als 500 Dollar Umsatz pro Monat) wird eine Gebühr verlangt.

Daneben gibt es mit Spamkarma und bad behavior einige andere Plugins die ebenfalls als Schutz vor Spam fungieren, die Erfahrung hat aber gezeigt, dass es reicht, Akismet als Plugin zu nutzen um Spam zu 99 Prozent zu unterdrücken.

Webseiten/Plugins:

- Akismet
  http://akismet.com/
- Bad Behavior
  http://www.bad-behavior.ioerror.us
- Spam Karma
  http://unknowngenius.com/blog/wordpress/spam-karma/

1.2.2 Statistik und Tracking

Um eine Webseite richtig optimieren zu können, ist es wichtig die eigenen Leser zu kennen. Welche Seiten werden besonders oft aufgerufen, welche Themen sind interessant, auf welchen anderen Seiten im Internet sind Links zu eigenen Seite und woher kommen die Leser?

Die Anzahl der Leser ist immer wichtig, sagt sie doch viel über die Beliebtheit des gesamten Blogs aus. Die Anzahl der Aufrufe einzelner Artikel liefert einen guten Überblick über Themen die interessant sind und zu denen sich ein neuer Artikel lohnen würde. Allerdings sollte man bei der Auswertung der Statistiken einige Hinweise beachten, in diesem Bereich wird gern mit der Verwendung von Fachbegriffen ein wenig geschönt.

Begriffe:

Hits Ein Hit ist ein Serveraufruf. Dabei ist es egal, ob ein Bild, eine Datei oder ähnliches angefordert wurde, jedesmal wenn eine Serververbindung aufgebaut wird zählt es als Hit. 5 Bilder auf einer Seite würden also 5 Hits produzieren.

Page-Impressions (PI) Anders als bei Hits zählt eine Pageimpression nur den kompletten Aufruf einer Seite. Die Seite mit 5 Bildern würde damit zwar 5 Hits, aber nur eine Page-Impression produzieren.

Visits Visits zählt einen Besucher anhand einer IP. Ein Besucher der 5 Artikel liest würde zwar 5 PIs generieren aber trotzdem nur als ein Visit gezählt werden. Die IP gilt in der Regel für eine Spanne von 30 bis 60 Minuten danach würde der Leser trotz gleicher IP wieder als neuer Visit gezählt.

KB Kilobyte. Steht als Maß für die übertragene Datenmenge. Bei einigen Systemen wird dieses Maß auch in Megabyte angegeben.

Mit der Herkunft der Besucher lässt sich ermitteln, von welchen Seiten Besucher auf den eigenen Blog kamen. Dies gibt Hinweise darauf, welche Seite Links auf den eigenen Blog gesetzt haben und welche dieser Links wirklich genutzt werden. Dazu liefern Statistikprogramme auch Hinweise auf Suchwörter über die Leser direkt von Suchmaschinen gekommen sind. Wenn ein Leser bei Google nach "Hundefutter" gesucht hat und dann über die Suche den eigenen Blog gefunden hat, wird "Hundefutter" im Programm als relevantes Suchwort hinterlegt. Solche Übersichten der Suchbegriffe sind wichtig, da man so Hinweise bekommt, in welchen Bereichen der eigene Blog bei den Suchmaschinen gut gelistet ist und wo es eventuell noch Optimierungsbedarf gibt.

Wordpress liefert in der Grundkonfiguration zu diesen Bereichen kaum Daten. Wer einen eigenen Server hat, kann einen Teil der Antworten aus den Logfiles des Servers filtern, viele Anbieter haben auch automatische Statistiksysteme integriert, die aber oft nur einen Überblick liefern und nicht näher ins Detail gehen.

Webalizer und AWStats sind allgemeine Statistikprogramme, die bei vielen Webspace-Anbietern und V-Servern vorinstalliert sind. Mit diesen Programmen kann man die Userzahlen ermitteln und auch, welche Seiten die meisten Zugriffe hatten.

Nicht aufgeführt sind tiefergehende Daten wie zum Beispiel eine Auswertung über alle Seiten oder alle Verweise.

Wer es genauer wissen möchte, muss deshalb auf diverse Plugins zurückgreifen, die genau für diesen Zweck gemacht wurden: Daten sammeln und Daten ausgeben.

Statistik-Plugins:

- StatTraq
  http://thefunzone.awardspace.com/wordpress/?page_id=63
- Semmelstatz
  http://www.kopfhoch-studio.de/blog/2765
- SlimStat
  http://wettone.com/code/slimstat

Diese Plugins werden normal im eigenen Blog installiert und speichern die Zugriffe in der Datenbank des Blogs. Das hat den Nachteil, dass bei vielen Daten und bei langen Laufzeiten die Datenbank mit Statistikdaten zugemüllt wird. Für längerfristige Vergleiche mag das sinnvoll sein, wer nur schnell wissen möchte, wie viele Besucher im letzten Monat online waren verschwendet Ressourcen mit der Speicherung von Daten die an sich nicht benötigt werden.

Externe Statistik-Tools können dabei helfen, die eigene Datenbank zu entlasten. Diese Tools sammeln Daten zentral in großen Serversystemen und stellen ihre Dienste meist kostenlos zur Verfügung.

- WordPress.com Stats
  http://wordpress.org/extend/plugins/stats/
- Google Analytics
  http://www.google.com/analytics/

Google Analytics ist an sich kein Wordpress Plugin sondern kann auch für andere Seiten verwendet werden. Da es leicht zu installieren ist und einen enormen Funktionsumfang bietet, eignet es sich natürlich auch für die statistische Auswertung von Blogs.

Wordpress.com Stats ist das offizielle Plugin von Wordpress und sammelt die Daten ebenfalls extern. Zum Installieren benötigt man einen API-Key der verwendet um sich dem Server gegenüber zu identifizieren. Wer bereits das Akismet Antispam Plugin verwendet, kann dessen API-Key auch für die Wordpress Statistiken nutzen.

Die externen Tools haben den Nachteil, dass sie den Seitenaufbau manchmal verlangsamen, da erst eine externe Seite kontaktiert werden muss. Sind die entsprechenden Antwortserver stark belastet kann dies dauern.

Darüber hinaus gibt man natürlich Dritten (Google oder Wordpress) Zugriff auf die Daten. Nicht jeder Webmaster möchte, dass jemand anders tief ins Innere der eigenen Seite blicken kann. Wer keine Daten weitergeben möchte, sollte daher auf serverinterne Statistiklösungen zurückgreifen.

1.2.3 Follow oder Nofollow

Nofollow bezeichnet ein neues Attribut zur Kennzeichnung von Links im Internet. Dieses Attribut wurde 2005 von Google eingeführt und sollte ursprünglich helfen, Linkspam zu entwerten.

Links sind im Internet eine harte Währung geworden, seit Suchmaschinen die Popularität einer Seite nach der Anzahl der eingehenden Links bewerten. Je mehr Links eine Seite von anderen

Seiten bekommt, desto höher muss nach Suchmaschinenansicht auch deren Popularität sein. Niemand verlinkt auf eine uninteressante Seite. Die dahinter stehende Theorie kann man durchaus auch kritisch sehen, in der Praxis bedeuten aber viele Links fast automatisch auch bessere Positionen in den Suchergebnissen, was wiederum bei vielen Seiten mehr Geld bedeutet. Entsprechend erpicht sind viele Webmaster auf Backlinks und sie nutzen jede Gelegenheit (sprich jedes Formular) um ihre Links unterzubringen. Linkspam ist effektiv, damit wird er immer attraktiver für die Spammer.

Das nofollow-Attribut soll dem entgegenwirken, in dem es Links aus Sicht der Suchmaschinen entwertet. Ein Link der das Attribut "nofollow" bekommen hat, wird von der Suchmaschine nicht bewertet, es wird auch kein Pagerank vererbt. Damit wird Linkspam nicht mehr attraktiv und sollte nicht mehr vorkommen.

In der Praxis sieht dies etwas anders aus. Nicht alle Links sollen nur Suchmaschinenpostionen verbessern, nicht jeder der einen Link postet ist ein Spammer. Viele Webmaster setzen Links in anderen Seiten um auf normale Weise Besucher zu bekommen oder um auf thematisch ähnliche Beiträge auf ihren Seiten hinzuweisen. Außerdem sieht man ein nofollow-Attribut nur im Quelltext, das heißt ein Abschreckungseffekt wird erst sichtbar wenn wenigstens ein Link gesetzt ist.

Eines der größten Beispiele für den nofollow-Tag ist die Wikipedia. Hier kann an sich jeder mitmachen und damit auch jeder Links setzen. Um Spam vorzubeugen werden alle ausgehenden Links in der Wikipedia mit einem nofollow-Tag versehen. Damit wird es unattraktiv, Links zu setzen, es sei denn man ist wirklich am Inhalt des Artikels interessiert.

Andererseits wird damit auch die Schizophrenie des nofollow-Tags sichtbar. Ein Artikel der aus der Wikipedia verlinkt wird, sollte an sich auch ein gutes Ranking haben, zumindest wenn er längere Zeit in der Wikipedia steht und von vielen Autoren als wichtig erachtet wird. Durch den Wegfall der Suchmaschinenbewertung für diese Links steht der Link zwar in der Wikipedia, im Netz wird aber damit trotzdem nicht schneller gefunden. Eine gute Webseite, die relevant für ein Thema wäre, würde damit möglicherweise hinter anderen Seiten mit weniger gutem Inhalt stehen, die aber auf Seiten verlinkt sind, die weniger Wissen als die Wikipedia repräsentieren, dafür aber mit follow-Links arbeiten.

Nofollow-Tags können entweder global für eine gesamte Unterseite gesetzt werden oder individuell für einzelne Links.
Die globale Kennzeichnung erfolgt dabei über die Metatags.

<meta name="robots" content="nofollow">

Mit dieser Eintragung im Head-Bereich würden alle Links einer Webseite nicht mehr von den Suchmaschinen als Links beachtet werden. Es gibt nur wenig Anwendungsbereiche für die globale Kennzeichnung, denn damit werden wirklich alle Links für Suchmaschinen unbrauchbar gemacht, auch die internen Links auf die eigene Seite.

Individueller geht das Entwerten der Links mit einzelnen nofollow-Tags für jeden Link.

<a href="http://www.fremde-seite.de/" **rel="nofollow"**>Fremde Seite</a>

Mit dieser Kennzeichnung würde nur dieser Link entwertet, andere Links der Seite sind davon nicht betroffen. Auf diese Weise behält man die Kontrolle, welche Links von den Suchmaschinen erfasst werden sollen und welche nicht. Der Aufwand, jeden Links einzeln mit dem Tag zu bestücken oder auch nicht, ist dafür natürlich höher.

Sinnvoll sind nofollow-Tags immer dann, wenn man Inhalte verlinkt von denen man sich eher distanzieren will. Häufig berichten Blogs auch über schlecht gemachte Seiten, problematische Inhalte, Erotik und ähnliches. Ohne Link sind solche Beiträge selten sinnvoll, daher sollte man zwar Links setzen, diese aber Entwerten. So läuft man nicht Gefahr, von Google für diesen Link abgestraft zu werden. Natürlich sollte man bei solchen problematischen Links neben dem nofollow-Tag auch noch einen sichtbaren Hinweis für die Leser anbringen, um auf jugendgefährdende oder rechtsradikale Inhalte Hinzuweisen.

Ebenfalls sinnvoll kann es sein Dienstelinks auf diese Weise zu deaktivieren. Viele Blogs nutzen Submit-Buttons zu Social-Bookmark Diensten, um es Lesern einfach zu machen Artikel in solchen Netzwerken zu speichern. Hat man 10 solcher Buttons auf der Seite sind das 10 Links, die anderen Links die Power abziehen. Daher ist es häufig sinnvoll derartige Links mit einem nofollow-Tag zu versehen.

Standardmäßig kennzeichnet Wordpress alle Links die im Kommentarbereich gesetzt werden mit einem nofollow-Tag.
Wer das nicht möchte muss per Plugin diesen Tag deaktivieren.

Plugins zum Abschalten aller nofollow-Tags in den Kommentaren:

- DoFollow
  http://kimmo.suominen.com/sw/dofollow/
- Follow URL
  http://blog.taragana.com/index.php/archive/wordpress-15-plugin-strip-nofollow-tag-from-comment-urls/

Die Entscheidung, ob er Kommentare mit dem nofollow-Tag versehenwill, muss jeder für sich selbst entscheiden.

Automatischen Spam braucht man dabei wenig zu fürchten, dank Antispam Systemen wie Akismet haben Spambots bei Wordpress kaum eine Chance. Lediglich menschliche "Spammer" sind zu befürchten, allerdings ist jeder der einen Kommentar hinterlässt auch ein Leser bzw. ein Besucher und bringt mit seinem Kommentar Content für die eigene Seite mit. Zumindest in der Startphase kann man so mehr Leser generieren.

Nofollow entwertet dabei im Kommentarbereich nicht nur Leserkommentare, sondern auch Trackbacks. Es ist damit für andere Blogs kaum noch interessant Backlinks zu setzen. Einige Blogs arbeiten auch mit einem Plugin, das selektiv Trackback-Links entwertet. Trackbacks auf Blogs mit nofollow bekommen dabei automatisch auch einen nofollow-Tag.

Plugin:

- Nofollow Case by Case
  http://www.fob-marketing.de/marketing-blog-184-wordpress-nofollow-seo-plugin-nofollow-case-by-case.html

Nofollow-Tags im eigenen Blog sorgen deshalb dafür, dass weniger Backlinks gesetzt werden und diese in vielen Fällen auch noch entwertet sind. In Hinsicht auf eine vielfältige Backlink-Struktur ist der nofollow-Tag im eigenen Blog damit eher schädlich.

Prinzipiell gilt: Wer nicht will, dass andere Webmaster ihre Webseiten auf dem eigenen Blog eintragen und das der eine oder andere Kommentar nur gemacht wird um eine URL zu nennen, sollte nofollow aktiviert lassen. Wer kein Problem mit anderen Webseiten-Eintragungen hat, kann den Tag deaktivieren.

Auf jeden Fall sollte man ausprobieren, ob das nofollow-Attribut wirklich notwendig ist. Falls dadurch zu viele Besucher und zu viel Kommentarspam entstehen sollten, kann der Tag jederzeit auch wieder aktiviert werden.

SUCHMASCHINEN
OPTIMIERUNG

2.1 Allgemeines

2.2 Offpage Optimierung
2.2.1 Fachbegriffe
2.2.2 Die richtigen Keywörter
2.2.3 Automatischer Backlink-Aufbau
2.2.4 Manueller Backlink Aufbau

2.3 Onsite Optimierung
2.3.1 URL-Aufbau
2.3.2 Themeaufbau
2.3.3 Interne Verlinkung

2.3.4 Content-Optimierung

2.1 Allgemeines

Der kostengünstige und einfachste Weg, im Internet neue Leser zu finden sind Suchmaschinen.

In Deutschland werden monatlich mehr als 3 Milliarden Suchabfragen (12) gestartet. Das sind 3 Milliarden mögliche Besuche für den eigenen Blog, entsprechend interessant und lohnenswert sind gute Platzierungen in den Suchmaschinen.

Das Beste dabei ist, dass Inhalte von den Suchmaschinen selbstständig erfasst werden. Als Blogger muss man sich nicht darum kümmern, neue Inhalte zu übermitteln, die Suchmaschinen schicken selbstständig Crawler-Bots die sich die Inhalte holen und sie für die Suchmaschinen aufbereiten.

In Deutschland bedeutet Optimierung für Suchmaschinen in erster Linie Optimierung für Google. Aktuell hat Google bei allen Suchabfragen einen Marktanteil von über 90 Prozent (4). Die restlichen 10 Prozent teilen sich die anderen Suchmaschinen. Für steigende Besucherzahlen reicht es aber vollkommen aus, sich auf Google zu konzentrieren, deswegen beziehen sich die folgenden

Abschnitte zur Suchmaschinenoptimierung auch hauptsächlich auf Google.

Eine normale Suchabfrage bei Google liefert in der Regel eine solche oder ähnlich aufgebaute Seite:

Abbildung 1: Google Suchabfrage für die Wörter Krankenversicherung Vergleich

Der eigentliche Bereich der Suchergebnisse (SERPS) ist mit 3 gekennzeichnet. Dies sind die sogenannten organischen Ergebnisse, sie entstehen direkt aus dem Algorithmus nach dem Google Webseite bewertet. Die beste Position in diesen Suchergebnissen ist natürlich an erster Stelle, Webseiten auf dieser Position bekommen die meisten Zugriffe. Die Zahl der Klicks nimmt hierbei deutlich ab, je weiter

unten eine Seite platziert ist. Können die ersten beiden Suchergebnisse noch fast 50 Prozent aller Klicks auf sich vereinen, erhält Platz 3 nur noch 11 Prozent, Platz 6 sogar nur noch 5 Prozent (5).
Die zweite Seite der SERPS schauen sich nur noch ein Bruchteil aller Suchenden an. Entsprechend wichtig ist eine Platzierung auf Seite 1 und dort möglichst weit oben.

Die Einträge in den Bereichen die mit 2 gekennzeichnet sind stehen für bezahlte Einblendungen die durch das Adwords-Programm bereitgestellt werden. Anbieter auf diesen Positionen zahlen pro Klick auf einen der Links einen gewissen Betrag an Google. Diese Ergebnisse werden deswegen nicht nach dem normalen Suchmaschinenalgorithmus bewertet sondern hier stehen Seiten weiter vorn, die mehr pro Klick bezahlen und relevanter für den User sind.
Unter 1 finden sich statistische Angaben zu jeder Suchabfrage. Interessant ist vor allem, wie oft ein Keywort bei Google gefunden wird. Daraus lässt sich ableiten wie beliebt ein Keywort ist.

Mit Suchmaschinenoptimierung im klassischen Sinne sind nur die organischen Suchergebnisse (unter 3) zu beeinflussen. Die Adwords-Anzeigen lassen sich mit der Optimierung nicht verändern oder gar unterdrücken. Auch bei bester Optimierung können also bis zu 3 Adwords-Links über der eigenen Seite gelistet werden.

Suchmaschinenoptimierung ist dabei keine Geheimwissenschaft sondern folgt einigen einfachen Regeln, die in den folgenden Kapiteln erklärt werden sollen. Der Schwerpunkt liegt dabei auf der kostenlosen Optimierung der Webseite.

Nicht eingegangen wird dabei auf die Black-Hat-Methoden der Suchmaschinenoptimierung, also jenen Strategien, die darauf bauen die Suchmaschinen gezielt und außerhalb deren Regeln zu manipulieren.

Dafür gibt es zwei Gründe. Einerseits besteht bei unsauberer Optimierung immer die Gefahr, dass Seiten aus dem Google Index vollständig entfernt werden. Damit wäre mit einem Schlag ein Großteil der Arbeit, die man in einen Blog gesteckt hat, vernichtet. Das ist ein Risiko, dass sich nur lohnt, wenn man kurzfristige Spam-Einnahmen haben will, für einen dauerhaften Blog empfiehlt es sich nicht.

Der zweite Grund ist simpler: es muss nicht sein. Man kann mit den erlaubten bzw. tolerierten Methoden der Suchmaschinenoptimierung jede Position in den Suchergebnissen erreichen. Riskantere Strategien sind deshalb an sich nicht notwendig.

2.2 Offpage-Optimierung

Leider lässt es sich an dieser Stelle nicht umgehen, ein wenig tiefer in die Suchmaschinentheorie einzutauchen. Um zu wissen, wie man sich bei den Suchmaschinen beliebt macht, muss man zuerst wissen, was Suchmaschinen mögen bzw. nach was sie Seiten bewerten.

Das Hauptbewertungskriterium dabei sind **Links**. Daher heißt dieser Bereich auch Offpage-Optimierung, weil es hier um Links von fremden Seiten geht, die Optimierung wird außerhalb der eigenen Seite, also offpage, vorgenommen.

Links werden von den Suchmaschinen und insbesondere von Google als Empfehlung gesehen. Wenn eine Webseite auf eine andere Seite linkt, spricht der Webmaster der der den Link gesetzt hat für die verlinkte Seite in den Augen der Suchmaschine eine Empfehlung aus. Entsprechend werden Seiten, die oft verlinkt sind (d.h. oft weiterempfohlen werden) für die Suchmaschinen wichtiger als Seiten mit weniger Links. Links die von anderen Seiten auf den eigenen Blog gesetzt werden nennt man auch Backlinks.

Neben der Zahl der Backlinks gibt es noch einen weiteren Faktor: die **Wertung der Seite** auf der sich der Backlink befindet. Je bedeutender eine Seite eingestuft wird (also je mehr Links sie auf sich vereint), desto bedeutsamer ist auch ein ausgehender Link.

Ein Backlink von einer Seite der Bundesregierung verleiht damit der verlinkten Seite mehr Bedeutung als ein Link von einer privaten Homepage, einfach weil der Webauftritt der Bundesregierung selbst bedeutender ist als die private Seite.

Einige Websites bekommen von Google noch einen Zusatzbonus da diese als besonders bedeutend eingestuft werden. Dazu zählen die Webauftritte von Universitäten und Regierungsorganisationen, aber auch Links aus dem DMOZ OpenDirectory Projekt (einem Verzeichnis für Seiten) (13). Links von solchen Autoritäten werden als besonders starke Empfehlungen angesehen und beeinflussen daher die Bedeutung der verlinkten Seite auch besonders hoch.

Offpage-Optimierung bedeutet damit in erster Linie der Aufbau einer starken Backlinkstruktur. Damit ist sowohl die Zahl der Backlinks gemeint, als auch deren Herkunft. Für eine gute Offpage-Optimierung ist es wichtig, einerseits viele Links zu sammeln und andererseits auch starke Backlinks zu generieren, die von Seiten kommen, die schon länger im Netz sind und bereits ihrerseits über eine starke Backlinkstruktur verfügen.

Grafisch lassen sich solche Backlinkstrukturen gut aufarbeiten:

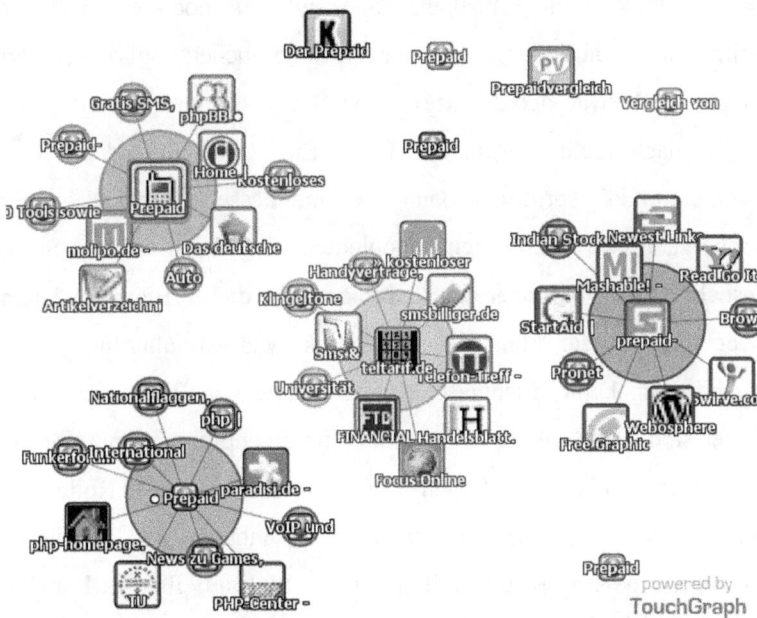

Abbildung 2: Linknetzwerkdarstellung für den Begriff Prepaid –
realisiert mit der touchgraph-Engine

Je größer und weiter verzweigt ein Linknetzwerk ist, desto mehr Power verleiht es einer Seite, denn desto mehr eingehende Links existieren.

Allerdings nützt die Bedeutung einer Seite allein eher wenig. So wird die Seite der Bundesregierung wohl kaum Informationen zum Thema "Katzenkrankheiten" enthalten, daher gibt es noch ein weiteres Kriterium das dafür sorgt, dass nur relevante Suchergebnisse geliefert werden und zwar den **Linktext**. Die Suchmaschinen bewerten die Links nach dem verlinkten Text. Ein Link mit dem Text "Kohlendioxid" sorgt nur dann für eine bessere Position in den Suchergebnisse wenn nach "Kohlendioxid" im weitesten Sinne gesucht wird. Für andere Suchabfragen hat dieser Backlink kaum Bedeutung. Bilder können auch verlinkt werden, allerdings kann derzeit noch keine Suchmaschine die Inhalte von Bildern erfassen. Daher sind Bild-Links zwar Backlinks im eigentlichen Sinne, für die Positionen in den Suchabfragen spielen sie aber kaum eine Rolle. Nur wenn man den Bildern einen title-Tag anhängt und in diesen entsprechende Keywörter einfügt, ist der Link auf für das Ranking interessant.

Eng verwandt mit der Problematik der Keywords ist die **Themenrelevanz**. Links von Seiten die thematisch mit der verlinkten Seite verwandt sind, werden mehr gewichtet als Links von themenfremden Seiten. Themenrelevant bedeutet dabei im weiteren Sinne, dass die verlinkende Seite bei dem Keyword, unter dem man gefunden werden will, im Google-Index zu finden ist. Ist dies gegeben wird der Link noch zusätzlich positiv gewertet. Allerdings ist der

Effekt geringer als der Effekt des eigentlichen Linktextes.

Für einen guten Linkaufbau sind daher 4 Faktoren wichtig:

- viele Backlinks
- gute Backlinks von bedeutenden Seiten
- Links von themenverwandten Seiten
- die richtigen Keywörter

Damit Links als solche erkannt werden, muss Google sie lesen können. Kein Problem sind Links die den normalen a-Tag nutzen. Egal ob diese dynamisch generiert werden oder statisch funktionieren, diese Links werden gelesen. Probleme gibt es bei Javascriptlinks, insbesondere wenn sie mit onclick-Anweisungen arbeiten. Flash-Anwendungen können ebenfalls nur schwer von Suchmaschinen indexiert werden, entsprechend wirkungslos sind Links, die zum Beispiel in einer Flash-Navigation gesetzt werden.

Häufig finden sich auch Links, die per php-Anweisung ausgeführt werden. Statt der normalen Adresse der Seite wird dann ein redirect-Script verwendet. Eine solche Anweisung kann zum Beispiel so aussehen:

http://www.fremdedomain.de/index.php?redirect=meinedomain.de

Auch solche Links werden nicht von den Suchmaschinen als Backlinks gewertet, daher sollte man auf diese Art der Verlinkung verzichten, wenn es um suchmaschinenrelevante Links geht.

Im Zusammenhang mit dem Aufbau der Links ist es häufig vorteilhaft, zu kontrollieren, welche Domains bereits auf den eigenen Blog linken oder auch welche Domains auf andere Blogs linken, um zu sehen, wo weitere Möglichkeiten der für Backlinks bestehen. Zu diesem Zweck gibt es eine Vielzahl von Tools, die mehr oder weniger umfangreich alle Backlinks zu einer Domain aufzeigen.

Die Suchmaschinen selbst zeigen mit einer Spezialabfrage die linkenden Seiten an. Mit der sogenannten site-Abfrage werden alle Webseiten aufgeführt, die einen Link zu einer bestimmten Seite enthalten.

site:www.meinedomain.de

Allerdings werden leider nicht alle verlinkenden Seiten ausgegeben. Google zeigt mit dieser Abfrage nur einen Bruchteil der Seiten an, Yahoo und MSN sind da wesentlich genauer.

Neben den Suchmaschinen gibt es eine ganze Reihe Dienste, die ebenfalls Backlink-Checks für die eigenen Domains anbieten. Hier werden zwar auch nur selten wirklich alle Links gefunden, die

Abfrage ist trotzdem meist wesentlich genauer als die Google-Abfrage. Dazu wird häufig auch der Pagerank der verlinkenden Seite mit ausgegeben.

Backlink-Abfragen:

- http://www.backlink-checker.de/
- http://www.linkvendor.com

2.2.1 Fachbegriffe:

Pagerank (PR) Konzept zur Bewertung anhand einer Webseite auf Basis der verlinkenden Seiten im Internet. Durch einen Link "vererbt" die verlinkende Seite einen Teil des eigenen Pagrankes an die verlinkte Seite. Je höher der Pagerank der verlinkenden Seite ist, desto höher ist auch der vererbte Pagerank.

Der Pagerank basiert auf einem Patent von Larry Page (daher stammt der Name PageRank) und Sergey Brin welches an der Stanford University entwickelt wurde und die Grundlagen der Suchmaschine Google bildete. Hintergrund ist die Theorie eines "Zufallsurfers", der sich zufällig durch das Internet bewegt. Die Wahrscheinlichkeit, dass er eine bestimmte Seite X erreicht ist dabei abhängig vom Grad der Verlinkung dieser Seite. Hat die Seite viele eingehende Links ist die Wahrscheinlichkeit, diese Seite zufällig zu erreichen hoch, bei wenigen Links entsprechend niedriger. Kommen die Links von Seiten, die ihrerseite gut verlinkt sind (und damit oft angesurft werden) erhöhen diese Links die Wahrscheinlichkeit noch zusätzlich.

Google zeigt derzeit eine transformierte Version des Pageranks an. Dabei wird der ursprüngliche Wert so umgewandelt, dass er nur in einem Bereich zwischen 1-10 schwanken kann. Alle Pagerank-Abfragen im Internet beruhen auf diesem transformierten Wert. Dazu ist der angezeigte Pagerank eine Version die nur alle etwa 100 Tage aktualisiert wird. Intern berechnet Google zwar den korrekten PR kontinuierlich anhand der eingehenden Links, die Anzeige in externen Tools wird aber nur sporadisch auf den neuesten Stand gebracht.

Backlink Als Backlinks werden alle Links bezeichnet, die von anderen Webseiten auf eine Domain zeigen. Im engeren Sinne sind damit nur Links gemeint, die von einer Suchmaschine erfasst und bewertet wurden. Alle Links die nicht relevant für das Ranking der Suchmaschine sind gelten nicht als Backlink im Sinne der Suchmaschinenoptimierung.

Linkpopularität Zählt die Anzahl der Links die auf eine Webseite zeigen und wertet jeden Link in gleicher Weise als Empfehlung.

Anders als beim Pagerank ist hier der Rank der verlinkenden Seite unwesentlich. Egal ob von einer Seite mit Pagerank 1 oder 10 – jeder Link würde die Linkpopularität um 1 erhöhen.

Domainpopularität Zählt die Anzahl der Domains die auf eine Seite verlinken. Hier werden Links von gleichen Domains nur einmal gezählt. 10 Links von einer Domain würden die Linkpopularität um 10 erhöhen, die Domainpopularität wird aber nur um 1 erhöht.

IP-Popularität Hier wird die Anzahl der IP-Adressen gezählt von denen Links auf eine Seite zeigen. Allerdings verfälscht diese Anzeige oft die Daten, da bei Hostern oft viele Links von der gleichen IP oder zumindest aus den gleichen Subnetzwerken kommen.

Autorität / Hilltop Das Hilltop-Konzept ist ein Algorithmus der die Relevanz einer Seite im Bezug auf ein bestimmtes Keyword bestimmt. Dazu nutzt Google sogenannte Expertenseiten. Verlinkt eine Webseite auf mindestens zwei unabhängige Expertenseiten wird sie als Autorität eingestuft.

2.2.2 Die richtigen Keywörter

Die Nutzer von Suchmaschinen geben für eine Suche keine Sätze oder Fragen ein sondern reduzieren ihre Anfragen auf 1 bis 4 wichtige Wörter, die sogenannten Keywörter.

Für eine Suchanfrage nach den Fußballergebnissen vom Wochenende wird also nicht "Wie hat Bayern München am Sonntag gespielt" eingegeben sondern in der Regel "Fußball Ergebnisse Sonntag".

Vierzig Prozent der Suchenden in Deutschland verwenden dabei 2 Keywörter, 28 Prozent ein Keywort und 20 Prozent sogar 3 Keywörter (6).

Diese Keywörter sind für Google entscheidend bei der Beurteilung, ob eine Seite relevant für eine Suchabfrage ist oder nicht. Grob gesagt gilt folgende Regel: Je öfter und je prominenter die Keywörter, nach denen der User sucht, auf einer Seite oder in den Backlinks vorhanden sind, desto besser und relevanter bewertet Google die Seite für die spezifische Suchabfrage. Sucht ein User nach dem Keyword "Katzenkrankheiten" werden die Seiten gut bewertet, die das Keywort im Text enthalten oder die viele Links mit diesem Keywort von anderen Seiten bekommen haben.

Dabei werden nicht nur die tatsächlichen sichtbaren Bereiche einer Seite ausgewertet, sondern auch andere Teile der Webseite wie die Metaangaben oder der Title-Tag bei Links.

Bereiche in denen Google nach Keywörtern sucht:

- Seitentitel und die URL der Seite
- Seitenüberschriften
- Text der Seite
- Metaangaben
- Bildbeschreibungen
- Linktexte und Linktitel

Die Anordnung der Bereiche erfolgt dabei in etwa der Wertigkeit der Bereiche. Ein Keywort, welches im Titel oder in der Domain auftaucht beeinflusst das Ranking wesentlich stärker als ein Keywort, welches nur in einem Linktext zu finden ist. Durch besondere Auszeichnungen der Keywörter kann deren Relevanz noch erhöht werden. So werden fettgedruckte und kursiv geschriebene Wörter stärker gewichtet als Keywörter ohne diese Attribute. Google folgt dabei dem Prinzip, dass ein Autor diese Wörter ja nicht ohne Grund gekennzeichnet haben wird.

Backlinks werden ebenfalls nach den Keywörtern ausgewertet. Zwar zählt jeder Backlink als Link im Sinne des Pageranks, für eine spezifische Suchabfrage ist er aber nur dann relevant, wenn er das entsprechende Keywort enthält oder zumindest thematisch dazu passt.

Die Bewertung der Keywörter folgt dabei in etwa dem Grad der Übereinstimmung. Ein Link, der "Ergebnisse" als Linktext hat, würde für den Suchbegriff "Ergebnisse" als sehr relevant gewertet werden. Dieser Link würde aber auch bei anderen Suchergebnissen zählen, die Ergebnisse als Wort verwenden, so etwa "Fußball Ergebnisse", "Klausur Ergebnisse" oder "Wahlergebnisse". Allerdings wäre die Relevanz des Linktextes bei diesen Suchbegriffen deutlich geringer als beim ersten Beispiel.

Umgekehrt würde der Linktext *"Fußball Ergebnisse"* sehr relevant gewertet bei der Suchabfrage *"Fußball Ergebnisse"*, dafür aber weniger bei einer allgemeinen Suchabgfrage nach *"Ergebnisse"*.

Dieses Prinzip gilt auch für die Keywörter auf der Webseite selbst. Je genauer diese mit der Suchanfrage übereinstimmen, desto relevanter sind sie für diese spezifische Suchanfrage.

Für jede Kombination aus Keywörtern und für jedes Keywort gibt es dabei individuelle Suchergebnisse. Oft unterscheidet Google sogar den Plural vom Singular und gibt für Suchen nach "Baum" andere Suchergebnisse als für "Bäume" aus.

Bei der fast unbegrenzten Anzahl der möglichen Keywörter und deren Kombinationen gibt es demnach auch eine fast unendliche Zahl an unterschiedlichen Suchergebnissen.

Egal wie man sich auch anstrengt: Es ist unmöglich (und auch unsinnig) bei allen Keywörtern gute Positionen belegen zu wollen. Wichtiger ist es, die Kombinationen zu identifizieren, bei denen man in den Suchergebnisse auf den vorderen Plätzen gerankt werden weil und die oft gesucht werden. Dies sind dann auch die Keywörter auf die man optimieren sollte.

Die Bestimmung dieser individuellen Keywörter ist nicht immer ganz einfach. Wichtig ist, dass sie thematisch zum Blog passen müssen, gerade bei Themenblogs ergeben sich einige Keywort-Kombinationen bereits aus dem Themengebiet.
Diese thematische Passung ist wichtig, da wie bereits beschrieben, die Keywörter auch auf den Seiten zu finden sein müssen. Nur dann stuft Google die Seite als wichtig bzw. bedeutsam für eine entsprechende Suchabfrage ein und listet die Seite auf den vorderen Suchergebnis-Positionen. Daher ist es empfehlenswert vor einer Optimierung zu prüfen, welche Bereiche im Blog thematisch abgedeckt werden und welche Keywörter man benutzen kann, um diese Bereich zu charakterisieren.
Viele Blogs nutzen bereits ein Taggingsystem bei dem die Artikel mit

Schlagworten gekennzeichnet werden. Solche Tags sind gute Kandidaten für Suchbegriffe und Keywörter auf die man Seiten optimieren kann. Meistens bestehen die Tags aber nur aus einem einzelnen Keywort. Da viele Suchabfragen mehr als ein Keywort umfassen, sollte man nicht ausschließlich die Tags als Grundlage für eine Optimierung nehmen, sondern diese mit Adjektiven oder Verben kombinieren.

Diese Kombination der Suchbegriffe hat noch einen Vorteil.
Einzelne Wörter finden sich auf sehr vielen Seiten. Je spezifischer eine Kombination wird, desto geringer ist die Anzahl der Seiten, die genau diese Kombination enthalten und desto geringer ist damit auch die Konkurrenz beim Kampf um die vordersten Positionen in den Suchergebnissen.
Das Keywort "Kredit" wird zum Beispiel derzeit rund 22 Millionen Mal gefunden. Nutzt man eine Kombination wie zum Beispiel "Onlinekredit" sinkt diese Zahl bereits auf 1.5 Millionen Suchergebnisse. Nimmt man noch ein Verb wie zum Beispiel "abschließen" hinzu, sinkt die Zahl der Seiten auf unter 30.000.

Die Eingrenzung bestimmte Keywort-Kombinationen hat aber den Nachteil, dass möglicherweise weniger User danach suchen. Das muss nicht zwangsläufig so sein, würde aber den Sinn der Optimierung zunichte machen, wenn man auf ein Keywort optimiert, nach dem ohnehin kein User sucht. Nach dem Keywort "Routenplaner" zum Beispiel suchen täglich tausende Internetnutzer, nach "animierter Routenplaner zum Download" dagegen ein User in einem Monat. Eine gute Position beim Keywort "Routenplaner" bringt deswegen viele User – bei "animierter Routenplaner zum Download" würde selbst ein Platz 1 in den Suchergebnissen kaum neue Leser bringen.

Neben der thematischen Bestimmung der Keywörter muss daher auch noch gecheckt werden, welche lohnenswert sind für eine Optimierung und welche nicht. Für diese Schritte bei der Auswahl der Keywörter gibt es im Internet eine Reihe Tools, die mit aktuellen statistischen Daten helfen, die richtigen Keywörter auszuwählen.

So kann man mit diversen Thesaurus-Programmen zum Beispiel verwandte Begriffe finden auf die man ebenfalls optimieren könnte.

- Assoziationen zu Wörtern:
  http://metager.de/asso.html
- Schätzung der Zahl der Suchanfragen:
  https://adwords.google.de/select/KeywordToolExternal

Einige Tools der Suchmaschinenbetreiber helfen dabei zu bestimmen, wie brauchbar ein Keywort ist, in dem sie die Suchabfragen pro Monat anzeigen. Damit kann man recht einfach bestimmen ob sich ein Keywort zur Optimierung lohnt oder nicht.

- https://account.de.miva.com/advertiser/Account/Popups/Key wordGenBox.asp

Natürlich geben Abfragetools immer nur eine Schätzung aufgrund der bisherigen Abfragen aus. Für eine Schätzung der Dimension des Suchvolumens und insbesondere dem Vergleich mehrerer Keywörter sind sie aber dennoch geeignet.

Bei der Optimierung sollte man sich anfangs auf 10-20 relevante Keywörter konzentrieren. Mit der Zeit (und guten Positionen bei den ersten Keywörter) kann man den Kreis dann erweitern.

Hat man relevante Keywörter gefunden muss ist der nächste Schritt dafür zu sorgen, dass Google den eigenen Blog unter diesen Begriffen findet. Dazu ist es (wie weiter oben bereits beschrieben) notwendig, dass die Keywörter im eigenen Blog zu finden sind. Hinweise zur technischen Umsetzung dieser Voraussetzung werden später noch im Bereich Onsite-Optimierung (ab Seite 82) gegeben.

Ebenso wichtig für gute Positionen ist die Verwendung der Keywörter in den Backlinks.

Schlecht, weil keywortneutral, sind Backlinks mit der URL als Linktext.

```
<a href="http://www.meinblog.de">
http://www.meinblog.de</a>
```

Dieser Link würde zwar als Backlink gezählt, für das Ranking bei bestimmten Keywörtern hätte er aber kaum Auswirkungen, es sei denn jemand sucht gezielt nach der URL.

Besser sind Links dieser Art:

```
<a href="http://www.meinblog.de">Hasen, Katzen und Hunde</a>
```

oder

```
<a href="http://www.meinblog.de" title="Hasen, Katzen und Hunde">Hasen, Katzen und Hunde</a>
```

Im zweiten Link werden Keywörter zusätzlich als title-Tag übergeben, dass ist nicht zwingend notwendig aber schadet auch nicht.

2.2.3 Automatischer Backlink-Aufbau

Wordpress macht es Bloggern relativ leicht Backlinks aufzubauen. Es gibt mehrere automatische Systeme die Backlinks generieren können, wenn sie richtig eingesetzt werden. Darüber hinaus gibt es im System von Wordpress selbst eine komfortable Linkverwaltung mit der Links von der eigenen Seite sehr schnell geändert werden können.

Nachfolgend werden zuerst die automatischen Systeme zum Backlinkaufbau beschrieben und dann einige weitere Möglichkeiten genannt, wie man manuell Backlinks generieren kann.

2.2.3.1 Trackbacks und Pingbacks

Blogs und Blogger leben von der Verlinkung untereinander. **Trackbacks** sind ein Mittel um diese Verlinkung zu gewährleisten und zu intensivieren.

Grundsätzlich stellen Trackbacks ein Benachrichtigungssystem dar mit dem man anderen Blogs informieren kann, wenn sie zitiert bzw. verlinkt werden. Blogs stellen dabei eine sogenannte Trackback-

Adresse zur Verfügung. Wird diese von einem anderen Blog aufgerufen, weiß der Ausgangsblog, dass hier eine Verbindung hergestellt werden soll.

In der Regel wird dann ein Hinweis auf den Blog, der den Trackback gesetzt hat, unter dem Ursprungsartikel (meist im Kommentarbereich) eingefügt. Einen Trackback-Kommentar erkennt man dabei am Namen des Autors (der Name der Webseite) sowie an der Art des Kommentars. Meist wird nur ein als Zitat gekennzeichneter Teil des Artikels als Kommentar eingefügt.

Zweck dieses Mechanismus ist es, inhaltlich passende Artikel schnell und einfach untereinander zu verlinken.
Ein Blog schreibt zum Beispiel einen Artikel zu aktuellen politischen Geschehnissen. Ein anderer Blog greift die niedergeschriebene Idee auf und entwickelt sie weiter oder kritisiert sie. Setzt der zweite Blogger nun einen Backlink, wird der erste Artikel darüber informiert, dass in einem anderen Blog Bezug genommen wurde und veröffentlicht automatisch eine kurze Notiz samt dem Link. Leser sehen damit nicht nur den Ausgangsartikel, sondern auch alle weiteren Artikel in anderen Blogs, die sich mit dem Thema befasst haben.
So können sich Leser an den Trackbacklinks orientieren und einer inhaltlichen Aufarbeitung eines Themas quer durch das Internet folgen.

Pingbacks stellen eine Weiterentwicklung dieser Idee dar. Für Pingbacks muss keine spezielle Adresse mehr aufgerufen werden, es reicht, wenn ein Artikel verlinkt wird und der eigene Blog schickt automatisch einen Pingback an den verlinkten Blog. Wordpress bietet Pingbacks an und kann sie auch interpretieren, einige andere Blogsysteme können das leider noch nicht. Im Zweifelsfall sollte man daher einen Trackback setzen.

Aus suchmaschinentechnischer Sicht stellen Trackbacks immer Backlinks dar. Einmal wird ein Link von der zitierenden Seite auf den zitierten Blog gesetzt, umgekehrt setzt nach Eingang des Trackbacks der zitierte Blog auch einen Backlink auf den zitierenden Blog. Jeder verlinkte Blog im Artikel bedeutet über die Trackbackfunktion damit einen Backlink für den eigenen Blog.

Auf diese Weise kann man relativ gut Deeplinks für Artikel einsammeln, die das Ranking der Domain positiv beeinflussen. Tracksback führen zwar Besucher von der eigenen Seite weg, generieren aber gleichzeitig Backlinks die mehr Besucher zum Blog bringen. Unter dem Strich lohnt es sich daher fast immer Trackbacks zu setzen.

Die Idee der automatischen Verlinkung wird mittlerweile nicht mehr nur in Blogs aufgegriffen. So bieten auch Foren-Systeme wie zum Beispiel das bekannte vBulletin in den neueren Versionen eine Trackbackschnittstelle, die es erlaubt, auf bestimmte Diskussionen in

Foren die mit dieser Software laufen, Bezug zu nehmen. Die entsprechenden Trackbacks werden automatisch erkannt und als separater Beitrag unter der Diskussion angehängt. Backlinks können so nicht nur aus Blogs sondern auch aus Foren generiert werden.

Die Nutzung von Trackbacks und Pingbacks beinhaltet natürlich auch die Gefahr des Missbrauchs, einfach in dem man eine Trackback setzt, im Artikel selbst aber gar keinen Link platziert. So wird die Seite zwar in den Kommentare der Seite, auf die der Trackback gesetzt wurde, angezeigt, ein Backlink in die anderen Richtung erfolgt aber nicht.

Aus diesem Grund gibt es mittlerweile Tools, die vor Freigabe eines Trackback-Kommentars auf der eigenen Seite prüfen, ob es auf der Seite von der ein Trackback kommt auch einen sichtbaren Link gibt. Wird kein Link gefunden wird der Kommentar nicht veröffentlicht.

Plugins:

- Simple Trackback Validation Plugin (deutsch)
  http://wordpress.org/extend/plugins/simple-trackback-validation/
- Trackback Validator (englisch)
  http://seclab.cs.rice.edu/proj/trackback/trackback-validator-plugin/

Mit einem dieser Plugins lässt sich Trackbackspam wirksam unterbinden ohne viel Mehrarbeit zu bekommen.

Im Umkehrschluss sollte, wenn ein Trackback gesetzt wird, auch wirklich der betreffende Artikel verlinket werden. Trackbacks ohne Link gelten als unhöflich, meistens folgt auf so etwas eine Mail mit einem entsprechenden Hinweis durch den Besitzer des Blogs auf den der Trackback zielte.

2.2.3.2 RSS-Feeds

RSS steht für **Really Simple Syndication** und bezeichnet ein Format für Inhalte, das universell ausgelesen werden kann. Durch diese standardisierte Formatierung können Daten zwischen den verschiedensten Systemen unkompliziert ausgetauscht werden.

Die meisten Blogs und insbesondere auch Wordpress, bieten von Grund auf eine RSS-Funktion. Alle Inhalte werden neben der normalen Formatierung auch als RSS-Feed (Datenblatt mit den neuesten Nachrichten) ausgegeben.

In den Feeds finden sich:

- die Überschrift
- der Artikel selbst
- die Adresse des Artikels

In der Regel liegen die Feeds unter der URL www.meinblog.de/feed/ bzw. www.meinblog.de/atom/. Falls der Blog andere URL-Zusammenstellungen nutzt kann dies abweichen.

Unter diesen Adressen können Leser den Feed abonnieren. Dann bekommen sie neue Artikel im Blog direkt in ihrem Browser oder ihrem Reader angezeigt, auch wenn sie nicht auf der Seite des Blogs sind. Das Abonnieren erfolgt dabei mit einem simplen Klick auf die entsprechenden Buttons des Browsers.

Interessanter als die Funktion für die User sind bei den Feeds aber die Möglichkeiten, per Feed die eigenen Artikel automatisch im Netz zu verteilen.
Viele Portale haben sich darauf spezialisiert, die neuesten Nachrichten aus den Feeds zu sammeln und als Übersicht anzubieten. Sie lesen dabei die eingetragenen Feeds aus und stellen jeden neuen Artikel als Kurzform mit einem Link ins Netz.

Feedportale:

- http://www.rss-nachrichten.de
- http://www.rss-verzeichnis.de/
- http://www.all4rss.com/
- http://www.freshfeeds.de/
- http://www.web-feed.de
- http://www.xmlfeeds.de
- http://www.xml-feed.de/
- http://www.rsssuche.de
- http://www.wegweisendes.de
- http://www.gorss.de/infomantis/

Die Eintragung in solche Feedportale ist kostenlos. Meist kann man außer der Adresse des Feeds noch zusätzliche Daten wie das Thema oder eine Beschreibung angeben, der Feed wird dann entsprechend thematisch eingeordnet.

Die Ausgabe des Feeds erfolgt in der Regel mit einem Backlink. Das heißt jeder neue Artikel wird auf dem Feedportal nicht nur angezeigt sondern auch verlinkt. Trägt man sich in alle der hier aufgeführten Feedportale ein bekommt man automatisch für jeden neuen Artikel anfangs 10 Backlinks mit dazu. Mehrarbeit verursacht das nicht, denn der Feed wird ja automatisch ausgelesen.

Lediglich die einmalige Anmeldung zu den Feedportalen muss per Hand durchgeführt werden.

Da meistens nur die ersten 10 Beiträge im Feed angeboten werden, verschwinden diese Backlinks auch wieder nach einiger Zeit. Diese Zeitspanne lässt sich durch die Erhöhung der Zahl der Artikel im RSS-Feed erhöhen, was insbesondere für Blogs mit vielen Einträgen täglich recht sinnvoll sein kann.

Ob sich die Eintragung in ein solches Feedportal lohnt muss jeder selbst wissen. Besucherströme darf man sich dadurch nicht erhoffen, aber kostenlose Backlinks natürlich nie sind zu verachten. Es gibt allerdings einige Portale, die Backlinks durch einen nofollow-Tag entwerten. Zwar wird ein follow-Link auf die Hauptdomain gesetzt, die eigentlichen Artikel werden jedoch nur mit entwerteten Links angezeigt. Damit gibt es bei diesen Portalen auch keine aktuellen Backlinks. Der Eintrag in solche Portale lohnt sich daher kaum, bei den oben genannten Beispielen handelt es sich deshalb nur um Portale die mit sauberen Backlinks arbeiten.

Im englischsprachigen Bereich gibt es einige große Portale, die RSS-Verzeichnisse und RSS-Reader mit Web 2.0 Komponenten mischen und Usern zum Beispiel anbieten, eigene Startseiten mit relevanten News zu bauen.

Netvibes, Newsgator und Bloglines sind einige der größten Vertreter aus diesem Bereich. Aufgrund der Spezialisierung auf englischsprachige Inhalte sind diese Seiten für deutsche Blogs aber eher uninteressant. Die Backlinks werden kaum gewertet und relevante User finden sich über diese Portale auch nicht, daher lohnt sich ein Eintrag kaum. Sinnvoller ist es, Buttons zur Verfügung zu stellen, die es Lesern erlauben selbst Artikel oder Feeds zu ihren Accounts bei den entsprechenden Diensten hinzuzufügen.

Im deutschen Bereich sind solche Portale bereits am Entstehen, haben aber bei weitem noch nicht die Nutzerzahlen wie die oben genannten Portale. Ein Eintrag in Wikio zum Beispiel kann sich aber trotzdem bereits lohnen, denn einen Backlink für die News gibt es in jedem Fall.

Links:

- netvibes.com
- newsgator.com
- bloglines.com
- wikio.de

Die Automatik des RSS-Feeds birgt auch einige Gefahren. Einige Webmaster finden es gut, wenn sie automatisch guten Content bekommen und bauen Portale die nur aus fremden Inhalten bestehen. Diese werden aus vielfältigen Quellen ausgelesen und mit einem Backlink veröffentlicht.

Das kann problematisch sein, da Google solche mehrfachen Stellen mit gleichem Content als Double Content (DC) werten könnte. Damit verbunden könnte auch der eigene Blog abgewertet werden, zumindest aber die Seite die den DC enthält. Der positive Effekt eine RSS-Feeds wäre damit ins Gegenteil verkehrt, denn die Verlinkung führt nicht zu einer Verbesserung der Position in den Suchergebnissen sondern zu einer Verschlechterung. Darüber hinaus ist es natürlich auch nicht legal, einfach fremde Inhalte zu nutzen.

Wordpress bietet für solche Fälle ein Sicherheitsfeature an, welches man unbedingt nutzen sollte.

Im Menü Einstellungen/lesen finden sich auch die Einstellungen für den RSS-Feed. Hier kann man neben der Anzahl der Beiträge, die im Feed angezeigt werden sollen, auch bestimmen, ob der gesamte Artikel oder nur die Kurzfassung (entspricht dem Exzerpt bzw. der optionalen Kurzfassung) angezeigt werden sollen.

Um Content-Diebstahl vorzubeugen sollte man hier nur die Kurzfassung vom Feed ausgeben lassen. So vermeidet man DC, denn der größte Teil des Textes wird nicht exportiert. Für die normalen Feedportale macht es keinen Unterschied, da diese meist ohnehin nur mit einer Kurzfassung arbeiten.

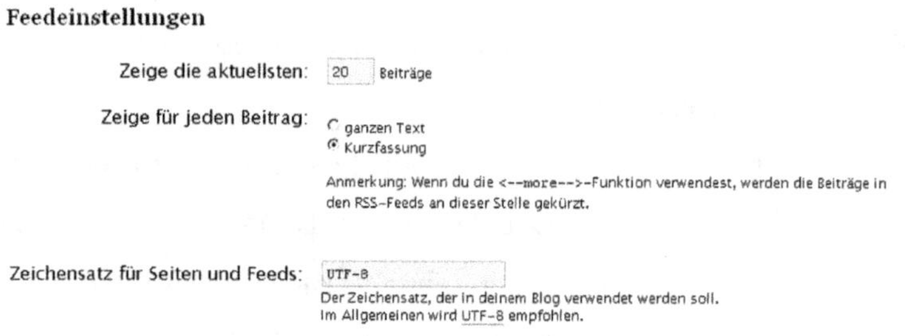

Feedeinstellungen

Zeige die aktuellsten: 20 Beiträge

Zeige für jeden Beitrag:
○ ganzen Text
● Kurzfassung

Anmerkung: Wenn du die <--more-->-Funktion verwendest, werden die Beiträge in den RSS-Feeds an dieser Stelle gekürzt.

Zeichensatz für Seiten und Feeds: UTF-8
Der Zeichensatz, der in deinem Blog verwendet werden soll.
Im Allgemeinen wird UTF-8 empfohlen.

Abbildung 3: Einstellungen für den RSS-Feed von Wordpress

Unter diesen Einstellungen findet sich noch ein Feld mit der Zeichenkodierung. Diese sollte mit der Codierung im Blog übereinstimmen (nachzulesen im Headerbereich des Themes). Stimmen die Kodierungen nicht überein kann es beim Exportieren zu

Problemen mit den Sonderzeichen kommen. Diese werden dann verfremdet oder falsch dargestellt.

2.2.3.3 Pingdienste

Pingdienste haben sich darauf spezialisiert, Blogeinträge zu sammeln und zentral für Leser zugänglich zu machen. Sie sind eine Art Suchmaschine für Blogeinträge mit dem Unterschied, dass normale Suchmaschinen aktiv Inhalte suchen gehen, während Pingdienste darauf warten, dass sie über neue Inhalte informiert werden. Der Name Pingdienst beruht auf dieser Eigenschaft, Blogs pingen diese Dienste an, wenn neue Inhalte verfügbar sind und die Pingdienste nehmen die Inhalte dann in ihren Index auf.

Prototyp eines Pingdienstes ist sicher technorati.com. Diese Seite ist wohl die bekannteste Sammelstelle für Inhalte aus dem Bereich der Blogs. Laut eigenen Angaben (7) sind mittlerweile über 35 Millionen Blogs (Stand 2006) bei Technorati angemeldet. Täglich kommen mehr als 1 Millionen Beiträge hinzu. Einige Meldungen sprechen sogar bereits von 70 Millionen angemeldeten Blogs. (8)

Neben den Suchfunktionen bietet Technorati ein Rankingsystem für Blogs an. Je öfter ein Blog zitiert wird, desto höher steigt er im Ranking und desto weiter vorn wird er bei Suchabfragen gefunden. Interessant sind auch die Statistikfunktionen von Technorati. So kann man sich anzeigen lassen, wie viele Besucher ein Blog bekommen hat und ein entsprechendes Ranking aufstellen lassen. Das Ganze funktioniert auch sprachabhängig, man kann ein solches Ranking also auch nur für deutsche Blogs erstellen lassen.

Viele Blogger nutzen Pingdienste um sich nach Neuigkeiten umzusehen. Ein Artikel der bei Techorati aufgeführt ist, bringt daher durchaus interessierte Leser für den eigenen Blog und ab und an auch ein paar Backlinks, wenn andere Blogger den gefunden Artikel verlinken, zitieren oder kommentieren.

Im internationalen Bereich gibt es mittlerweile eine ganze Menge an Pingdiensten, allerdings ist es fraglich ob ein dänischer oder japanischer Pingdienst sinnvolle Besucher für einen deutschen Blog bringt.

In der deutschen Version von Wordpress sind standardmäßig zwei Pingdienste eingetragen die jedesmal angepingt werden wenn neue Artikel erscheinen:

rpc.pingomatic.com und

ping.wordblog.de

(zu finden unter Einstellungen => Schreiben => Update Service)

An diesen Einstellungen muss nichts optimiert werden, auch wenn es noch mehr deutschsprachige Pingdienste gibt. Der Grund dafür ist, dass beide Dienste die Pings auch weiterleiten, faktisch als Verteiler für die Pings fungieren.

Daher sollte man auch keine zusätzlichen Services eintragen, sonst kann es sein, dass die gleichen Pings mehrfach ankommen und als Spam gewertet werden. Wer Sicherheit mag kann sich auch ein Plugin installieren, welches das Anpingen der Dienste überwacht und dafür sorgt das Mehrfachpings nicht vorkommen. Dann besteht auch keine Gefahr mehr als Spammer gebannt zu werden.

Plugin:

- PingFix
  http://betamode.de/wp-pingfix/

Die Funktionen sind ab Wordpress 2.1 bereits in der normalen Installation enthalten. Pingfix ist daher nur notwendig, falls mit einer älteren Version gearbeitet wird.

Wer nicht möchte, das externe Dienste über neue Beiträge informiert werden, kann einfach die beiden voreingestellten Dienste aus der Liste löschen, wer neue Leser haben möchte sollte diese Dienste aktiviert lassen.

2.2.4 Manueller Backlink-Aufbau

Diese Dienste funktionieren nicht automatisch, dass heißt Links müssen hier per Hand eingetragen werden. Teilweise gibt es Wordpress Plugins, die Einträge teilautomatisieren, in der Mehrzahl jedoch müssen die Links per Hand gesetzt werden.

2.2.4.1 Artikelverzeichnisse

Artikelverzeichnisse tauschen Content gegen Backlinks. Man schreibt einen Artikel für das Verzeichnis (Content) und kann in dem Artikel 2 bis 5 Links auf eigene Seiten setzen. Der Betreiber des Artikelverzeichnisses bekommt so kostenlosen Content und baut eine breit gefächerte Webseite auf, die sich gut vermarkten lässt. Die

Autoren bekommen dafür einen themenrelevanten Backlink.

Viele Artikelverzeichnisse nutzen sogar Wordpress oder ein anderes Content Management System als Basis, bei anderen Systemen muss man Texte als Mail im Word-Format einschicken.

Neben der Möglichkeit Deeplinks zu setzen, haben Artikelverzeichnisse den Vorteil Links direkt im Text unterbringen zu können. Als Autor hat man also die Möglichkeit die Links in ein themenrelevantes Umfeld zu setzen.

Voraussetzungen für die Aufnahme der Texte sind meist ein einzigartiger Text der so im Internet noch nicht existiert und eine Mindestlänge von (je nach Artikelverzeichnis) 200 bis 350 Wörtern. Dadurch wird der Linkaufbau schwieriger und arbeitsintensiver, da jedesmal ein Artikel verlangt wird. Die Möglichkeit mehrere gute Links unterzubringen macht diesen Aufwand aber in jedem Fall wieder wett.

Durch die Pingbackfunktion wird der eigene Blog automatisch kontaktiert, wenn ein Artikel in einem Artikelverzeichnis auf Wordpress-Basis online geht und ein entsprechender Kommentar im verlinkten Artikel eingefügt wird. Diese Pingbacks sollte man löschen – es muss nicht jeder Leser wissen wo man den eigenen Blog optimiert.

Übersicht über Artikelverzeichnisse:

- http://www.artikelverzeichnisse.com/

Populäre Artikelverzeichnisse:

- http://www.fachwissen-katalog.de/
- http://0am.de/
- http://www.77.am
- http://www.2-get.de

2.2.4.2 Linkdirectorys oder Webkataloge

Webkataloge versuchen, den Nutzern einen Überblick über interessante oder themenrelevante Seiten zu geben in dem sie Internetseiten nach Kategorien sortiert archivieren.

In der Regel kann sich jeder Webseitenbetreiber mit seiner Seite dort anmelden und wird nach einer kurzen Prüfung freigeschaltet. Neben dem Titel und einer Beschreibung zur Seite darf auch ein Link hinterlegt werden, pro Eintrag in einen Webkatalog gibt es also einen Backlink. Leider erlauben es die meisten Kataloge nur, Hauptseiten anzumelden. Deeplinks auf Unterseiten kann man damit nicht generieren. Die großen Vorbilder der meisten Webkataloge sind das Yahoo-Verzeichnis (http://de.dir.yahoo.com/) und das DMOZ (http://dmoz.de/). Leider wird das Yahoo Verzeichnis aktuell nicht mehr gepflegt (9) und die Eintragsrichtlinien des DMOZ sind sehr streng. Lange Zeit galt es als absoluter Glücksfall im DMOZ gelistet zu werden.

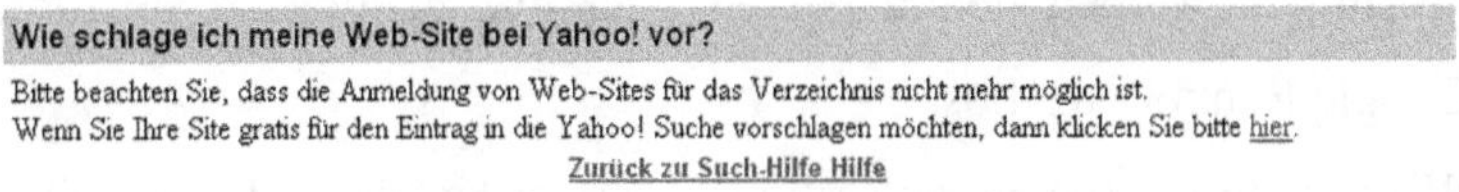

Wie schlage ich meine Web-Site bei Yahoo! vor?

Bitte beachten Sie, dass die Anmeldung von Web-Sites für das Verzeichnis nicht mehr möglich ist.
Wenn Sie Ihre Site gratis für den Eintrag in die Yahoo! Suche vorschlagen möchten, dann klicken Sie bitte hier.

Zurück zu Such-Hilfe Hilfe

Abbildung 4: Yahoo-FAQ

Der Sinn der Eintragungen in den vielen Katalogen ist mittlerweile eher umstritten. Da es unzählige dieser Verzeichnisse gibt, sind die Besucher die man über solche Dienste bekommt eher wenige, nur bei großen Katalogen liegen sie im zweistelligen Bereich. Bei vielen angemeldeten Seiten teilen sich zudem viele Links die ohnehin meist geringe Power der Katalogseite – wirklich stark sind die ausgehenden Links damit nicht. Allerdings gibt es mittlerweile halbautomatische Eintrage-Tools, mit denen man schnell 50-100 Einträge generieren kann – 100 schwache Links haben dann natürlich auch einen Effekt.

Einige Kataloge arbeiten immer noch mit Backlinkpflicht oder kostenpflichtigen Einträgen. Durch die Masse an Katalogen und dem eher geringen Nutzen von Einträgen in Katalogen lohnt es sich in den wenigsten Fällen, wirklich einen Backlink zu setzen – Geld auszugeben für einen solchen Eintrag lohnt sich auf keinen Fall.

Falls man wirklich einen Backlink setzen möchte, sollte man vorher überprüfen, ob der Blog auch saubere Links liefert. Dazu müssen die Links im Quelltext als normale <a href=""> Links ohne nofollow eingetragen sein. Javascript-Links und Links die per php-Script übermittelt werden liefern keinen Backlink, damit sind sie für das Google Ranking wertlos.

Wichtig für die Indizierung ist auch, ob der Katalog selbst bereits bei Google indexiert ist. Ein Link auf einer Seite, die Google nicht kennt, bringt ebenfalls keinen Backlink.

Für Blogs gibt es extra Blogkataloge, die das Konzept des Webkatalogs auf den Blogbereich einschränken, aber auch diese Kataloge haben an sich nicht mehr oder weniger Sinn als ein normaler Katalog. Man sollte daher bei Einträgen eher auf die Stärke eines Katalogs achten als auf die thematische Ausrichtung.

Links:

- www.blogsearch.de
- www.bloggeramt.de
- www.bloggerei.de
- www.blogalm.de

2.2.4.3 Social Bookmarks

Social Bookmark-Dienste sind Portale auf denen man die eigenen Bookmarks zu beliebten Seiten online speichern, verwalten und mit anderen Usern teilen kann. Letztere Funktion macht sie für die Generierung von Backlinks interessant, denn jede Seite die man als Bookmark speichert, wird automatisch auch auf dem Bookmark-Portal veröffentlicht und stellt damit einen guten Backlink dar.

Auf diese Weise kann lassen Artikel und Kategorien gut verlinken, allerding sollte man darauf achten, dies nicht zu übertreiben. Einige Portale reagieren auf Link-Spam recht empfindlich und setzen die entsprechende Domain auf einen Index – alle Links werden dann nicht mehr öffentlich angezeigt.

Einige Portale wie Mister Wong arbeiten mittlerweile mit nofollow-Links um Linkspam vorzubeugen. Ein Eintrag kann sich trotzdem lohnen, weniger wegen einem Backlink als mehr durch die User, die ein Eintrag bei Mister Wong bringt.

Social Bookmark Dienste:

http://www.mr-wong.de
http://www.icio.de
http://www.linksilo.de
http://www.beemylink.de

2.2.4.4 Social News

Social Newsportale sind eine Weiterentwicklung der Social Bookmark Dienste und haben sich auf das Bewerten und Verbreiten von News und Informationen spezialisiert. Jeder angemeldete User kann interessante Nachrichten verlinken und diese für andere User zugänglich machen. Dazu gibt es ein Bewertungs- und Tagsystem für die veröffentlichten Nachrichten mit denen besonders interessante Nachrichten gekennzeichnet werden können.

Das Portal bietet die Möglichkeit neben dem Backlink zur Originalnachricht auch eine eigene Titelzeile sowie eine eigene Kurzbeschreibung anzugeben. So bekommt man auf den Portalen einen Backlink in einem themerelevanten Umfeld.

Leider bieten nur wenige Portale die Möglichkeit mehr als 100 Wörter als Beschreibung zu benutzen. Dadurch wird die Arbeit beim Eintragen zwar leichter, macht es aber gleichzeitig schwieriger über korrekte Keywörter die Themenrelevanz der Verlinkung herzustellen. Nutzt man immer die gleiche Beschreibung, wird der Link und die entsprechende Seite schnell als Double Content abgewertet.

Social News Portale:

http://www.newtube.de
http://www.unorganized.de
http://www.digg.de
http://www.yigg.de
http://www.webnews.de
http://www.unorganized.de

Neben allgemeinen Newsportalen gibt es auch Spezialportale für bestimmte Themenbereiche. Diese Portale sind meist deutlich kleiner, dank der fachbezogenen Ausrichtung haben sie aber meist ein interessierteres Publikum. Ebenso gibt es Portale die mehr auf eine lokale Ausrichtung setzen.

Spezial-Portale:

http://www.seoigg.de
http://www.schnaeppchensuma.de

2.2.4.5 Linktausch

Der simpelste Weg, um Backlinks zu bekommen, ist natürlich der direkte Kontakt zu anderen Webmastern. Diese können selbst Backlinks in ihren Seiten setzen und tun dies in der Regel auch gerne, wenn sie dafür ebenfalls einen Backlink erhalten.

Getauscht wird in den meisten Fällen themenrelevant und ausgeglichen, was den Pagerank der getauschten Seiten betrifft. Links von Unterseiten sind dabei weniger wert als Startseitenlinks.

In vielen Webmasterforen gibt es spezielle Bereiche für den Linktausch, hier finden sich schnell Tauschpartner.

- http://www.webmasterpark.net/forum/forumdisplay.php?f=92
- http://www.webmasterwelt.net/webmaster,18,-linktausch.html
- http://www.omtalk.com/geschaeftspartner-gesucht/

Da Linktausch schnell eine abendfüllende Beschäftigung werden kann und man die Links auch überwachen sollte um zu verhindern, das Linkpartner Backlinks nach einiger Zeit wieder entfernen, emfiehlt es sich von Anfang an über jeden Linktausch Buch zu führen. Dazu reicht eine einfache Excel-Tabelle mit den Links, Linktexten und den Kontaktdaten der Anbieter. So kann man durch simples Durchklicken schnell die Backlinks checken und bei Bedarf nachhaken warum ein Link verschwunden ist.

2.3 Onsite Optimierung

2.3.1 Themeaufbau

Alles was ein Leser vom Blog sieht wird durch das voreingestellte Theme festgelegt. Wordpress trennt die Inhalte (Texte) und die Ausgabe (das Theme) strikt voneinander, daher ist es möglich mit einem Klick dem Blog ein vollkommen neues Aussehen zu geben, ohne das die Inhalte dabei verändert werden.

Entsprechend sollte eine Theme nicht nur gut aussehen, sondern auch die Inhalte so präsentieren, dass sie von den Lesern aber auch von den Suchmaschinen gut erkannt werden. Die Optimierung des Webseitenaufbaus nennt sich Onpage-Optimierung und ist ein wichtiger Faktor für ein gutes Ranking, denn nur wenn die Inhalte einer Webseite erkannt und gut bewertet werden, kann eine Webseite auch in den Suchergebnissen auftauchen.

Aus diesem Grund sollte man bei der Auswahl eines Themes nicht nur darauf achten, dass es visuell wirkt sondern auch, was es im Bezug auf die Onpage-Optimierung zu bieten hat. Im Zweifelsfall kann man mit ein wenig html-Kenntnissen nachhelfen und Schwachstelle relativ leicht beseitigen.

2.3.1.1 Seitentitel

Der Seitentitel ist für die Positionierung sehr wichtig. Insbesondere Google wertet den Title-Tag einer Seite sehr stark. Ein guter Title Tag ist damit bereits ein großer Schritt in Richtung gute Positionierung in den Suchergebnissen. Der Titel wird auch für den Leser angezeigt und zwar als Name des Fensters. In der Tabulatorspalte des Firefox oder in der Fensterleiste auf dem Desktop würde das Fenster für den Leser damit einen relevanten Namen bekommen, die inhaltliche Zuordnung ist damit wesentlich einfacher.

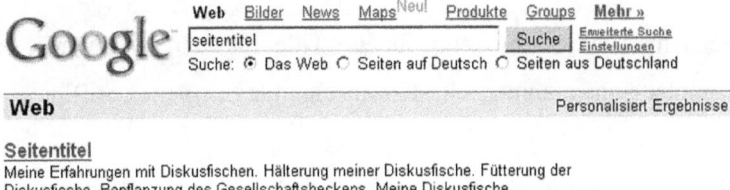

Abbildung 6: Anzeige des Seitentitels in der Google Suchabfrage

Zusätzlich benutzten viele Bookmarkdienste und RSS-Portale den Seitentitel als Link zum eigentlichen Artikel. Ein guter Titel mit vielen Keywörtern bedeutet daher auch immer einen bzw. mehrere Links mit den relevanten Keywörtern für den Artikel.

Das gewählte Theme sollte daher einen dynamischen Seitentitel besitzen, der im besten Fall die Überschrift des Artikels wiedergibt. Dann muss man als Autor an sich nur noch darauf achten, beim Schreiben eines Artikels eine gute Überschrift zu wählen die einige Keywords enthält und die Optimierung des Seitentitels ist perfekt.
Die neueren Wordpress-Versionen bieten einen Template-Tag an, der automatisch den Titel anzeigt.

<?php wp_title('sep', display); ?>

Setzt man diese Anweisung in die Title-Tags ein, erhält man eine komplette und automatische Titelanzeige für jede Seite des Blogs.

<title><?php wp_title('sep', display); ?></title>

'sep' steht dabei für das Trennzeichen zwischen verschiedenen Titelbereichen, mit *display* kann man die Ausgabe steuern. TRUE in diesem Feld gibt eine einfache html-Ausgabe wieder, FALSE eine

Ausgabe für die Verwendung in php-Variablen.

Diese Anweisung kann in jedem Bereich des gewählten Themes verwendet werden, sollte jedoch sinnvollerweise im Kopfbereich eines Themes (meist header.php) untergebracht sein. Ausgegeben wird in Abhängigkeit von der Seite die gerade aufgerufen wird:

- Der Titel eines Beitrags in der Beitragsansicht
- Der Name der Kategorie in der Kategorienansicht

Um auf der Startseite keinen leeren Titel zu haben, sollte man zusätzlich noch den Blognamen einfügen. Dies geschieht mit der Anweisung

```
<?php bloginfo('name'); ?>
```

Ein vollständiger Titel in einer header.php könnte daher folgendermaßen aussehen:

```
<title><?php bloginfo('name'); ?><?php wp_title('sep', display); ?> </title>
```

Ein Blog mit dem Namen Autoblog und dem Separator "-" würde daher auf der Startseite <title>Autoblog</title> ausgeben, in der Kategorie Opel würde <title>Autoblog – Opel</title> erscheinen, im

Beitrag mit der Überschrift "Tieferlegen" lautet der Tag <title>Autoblog – Tieferlegen</title>. Das alles wird automatisch gemacht und muss nicht angewiesen werden.

Wer den Namen des Blogs nicht in allen Titeln haben will, auf der Startseite aber trotzdem keinen leeren Titel benutzen möchte, kann folgende Funktion nutzen.

```
<title>
<?php wp_title(' '); ?>
<?php if(wp_title(' ', false)) { echo '-'; } ?>
<?php bloginfo('name'); ?>
</title>
```

Hierbei wird abgefragt, ob ein Titel vorhanden ist. Falls nicht wird der Name des Blogs ausgeben, ansonsten nur der Titel des Artikels.

In den meisten Themes ist der Titel bereits im Headbereich integriert, es kann aber nicht schaden, an dieser Stelle nachzukontrollieren.

2.3.1.2 Meta-Angaben

Die Metatags einer Webseite befinden sich im <head> Bereich und sind in erster Linie für Suchmaschinen gedacht. Ziel ist bzw. war es die Indizierbarkeit der Webseiten zu verbessern, deshalb wurden die Metatags eingeführt als Anweisungen für Suchmaschinenbots, die für einen normalen User nicht sichtbar sind.

So können in den Metatags zum Beispiel Angaben zum Inhalt der Seite hinterlegt werden, zum Autor, zur Speicherung der Seite oder zur Behandlung der Links auf dieser Seite.

Ein paar ausgewählte Metatags:

> <META NAME="keywords" content="">
> <META NAME="description" content="">
> <META NAME="Content-Language" content="de">
> <META NAME="author" content="">
> <META NAME="ROBOTS" CONTENT="INDEX, FOLLOW">

Allerdings sind die Metatags auch sehr anfällig für Missbrauch. Da kein User die Tags sieht kann ein Webmaster problemlos alle möglichen Inhalte in den Metatags hinterlegen, auch wenn es nicht zum Content der Seite passt. Daher nutzen die Suchmaschinen die Metaangaben nur noch eingeschränkt.

Nach wie vor wichtig sind aktuell nur zwei Angaben: die Beschreibung der Webseite (description) und die Anweisungen zur Indizierung und Linkbehandlung.

Der Metatag "Description" wird von Google derzeit als Beschreibung für die Seite in den Suchergebnissen verwendet. In der Suche erscheint der Titel der Webseite und darunter die Beschreibung. Nur wenn keine Beschreibung hinterlegt ist oder die Beschreibung keine oder kaum passende Keywörter enthält, sucht sich Google automatisch einen Ausschnitt (**Snippet**) aus dem Content der Seite.

Über die Beschreibung kann man daher gut die Präsentation des eigenen Blogs in den Suchergebnissen steuern. Gut sind Beschreibungen die eng mit dem Inhalt der Webseite korrespondieren und gleichzeitig als Appetizer fungieren, den Leser also neugierig auf den dahinterliegenden Artikel machen. Schlecht dagegen sind allgemeine Beschreibungen, die sich nur auf den Blog, nicht aber auf das Artikelthema beziehen oder aber zu viele Keywörter enthalten und damit kaum lesbar sind.

Google empfiehlt (14) ausdrücklich den Einsatz von Seitenbeschreibungen. Im Google Webmaster Blog wird dies als gute Möglichkeit gesehen, die Besucherzahlen zu erhöhen:

> " ... A little extra work on your meta descriptions can go a long way towards showing a relevant snippet in search results. That's likely to improve the quality *and* quantity of your user traffic. ..."

Die Meta-Angabe "robots" enthält die Anweisungen zur Speicherung der Seite und der Links. Wird sie nicht gesetzt wird eine Seite indiziert und alle Links normal verfolgt. Wer dies nicht möchte kann mit "nofollow" das Verfolgen der Links deaktivieren, mit "noindex" kann darüber hinaus verhindert werden, dass die Seite in den Google Index aufgenommen wird.

Einige Suchmaschinen nutzen auch noch die Meta-Angabe "keywords". Darin können wichtige Keywörter einer Seite aufgeführt werden. Google wertet diese Angabe nicht mehr, ist sie vorhanden hat sie aber keinen negativen Effekt.

Die Ausgabe der Metagangaben in Wordpress wird über das Theme gesteuert. Hier müssen die entsprechenden Angaben hinterlegt sein.

Vor der Benutzung eines neuen Themes sollte man daher darauf achten, dass zumindest ein Titel und eine Description dynamisch eingefügt werden. Dynamisch heißt dabei, individuell für jeden Artikel.

Leider bietet Wordpress in der normalen Version keine Felder für Meta-Angaben. Um diese zu nutzen muss man daher zwangsläufig auf die Plugins von Drittanbietern zurückgreifen, aufgrund der Wichtigkeit der Meta-Description gibt es dafür eine ganze Reihe von guten Plugins, die direkt in den Artikeln neue Felder für die Beschreibung und die Keywords einfügen. Diese werden dann meist auch automatisch im Theme mit ausgegeben, so dass man zu jedem Artikel auch eine individuelle Seitenbeschreibung hinterlegen kann.

Plugins für diesen Bereich

- Add-Meta-Tags (automatisch)
  http://www.g-loaded.eu/2006/01/05/add-meta-tags-wordpress-plugin/
- btc-meta-description und btc-meta-keywords
  http://www.bitcycle.de/wordpress/plugins/btc-meta/2/
- wpSEO
  http://www.wpseo.de/
- All in One SEO Pack
  http://wp.uberdose.com/2007/03/24/all-in-one-seo-pack/

Einige der Plugins bieten an, für die Startseite eigene Meta-Angaben zu hinterlegen. Das ist nützlich, denn die Startseite ist kein Artikel und würde deshalb auch keine individuellen Metatags bekommen. Da die Startseite in den Suchergebnissen recht häufig auftaucht (oder zumindest auftauchen sollte), ist es sinnvoll hier mit einer guten Beschreibung und einem zusätzlichen Titel zu arbeiten. Das bringt mehr Keywörter und zusätzlich ehr Werbetext in den Suchergebnissen mit denen man potentielle neue Leser überzeugen kann.

Generell sollte man die Meta-Angaben dabei per Hand erstellen. Automatische Tools sind zwar praktisch, bergen aber die Gefahr, dass relevante Inhalte eben nicht übernommen werden und die Beschreibung so wenig aussagekräftig wird.
Automatische Bewertungen sind dann praktisch, wenn diese Angaben in einem bereits bestehenden Blog hinzufügen werden sollen. Statt 100 ältere Beiträge per Hand zu bearbeiten kann man dies dann automatisch und damit zeitsparend machen lassen, für neue Beiträge sollten diese Angaben aber immer manuell hinzufügen werden.

2.3.1.3 Seitenaufbau

Die Suchmaschinen lesen eine Seite nicht so aus wie sie auf dem Bildschirm erscheint, sondern sie lesen den Quelltext direkt. Für die Bots ist damit uninteressant, wie die Seite ausgegeben wird, was zählt sind die Anordnung der Elemente im Quelltext. Je weiter oben ein Bereich dort zu finden ist, desto eher wird er gelesen und desto besser wird er gewichtet.

Das kann zu Problemen führen, wenn per Javascript und CSS-Anweisungen die Anordnung im Quelltext nicht mit der Anordnung auf dem Bildschirm übereinstimmt. Prinzipiell sollte man darauf achten, dass der Hauptcontent einer Seite (meist der Artikel) auch im Quelltext so weit wie möglich oben angesiedelt ist. So erleichtert man das Auslesen einer Seite. Je weniger Anweisungen über dem Content-Bereich zu finden sind, desto besser.

Viele Themes benutzen im Kopfbereich der Seite ein Banner bzw. eine Grafik die zum Layout der Seite gehört. Da Google Bilder nicht ausliest, ist dies aus suchmaschinentechnischer Sicht wertvoller verschwendeter Platz, da die Position am Anfang der Seite extrem präsent ist. Die Standardlösung für dieses Problem ist, eine neutralere Grafik ohne Schrift in den Hintergrund des Kopfbereiches einzublenden und davor den Titel und die Beschreibung des Blogs zu legen. Dann sehen die Leser die Grafik und die Suchmaschinen können ebenfalls mit dem Text etwas anfangen. Falls dies nicht geht, weil die Umstellung des Layouts zu kompliziert wäre, sollte die Headergrafik zumindest mit einen <alt>-Tag versehen werden, in dem der Blogtitel und die Beschreibung erscheinen.

Wordpress bietet mit dem Widget-Plugin die Möglichkeit, Themeaufbau und damit auch den Seitenaufbau direkt aus dem Administrationsmenü heraus zu verändern. Html-Kenntnisse sind dann nicht mehr notwendig, wenn man die Anordnung der Blöcke und der Navigationsleisten verändern will.

Benutzt man dieses Plugin, geht der Überblick, welcher Contentbereich wo im Quelltexte angesiedelt ist, mehr oder weniger verloren. Man kann sich dann nur noch an der Ausgabe der Texte orientieren.

Prinzipiell gilt: je weiter links und je weiter oben ein Text steht, desto weiter oben wird er wahrscheinlich auch im Quelltext zu finden sein.

Javascripte, die nicht für den Seitenaufbau benötigt werden, wie zum Beispiel Statistikskripte von Google Analytics oder anderen Anbietern, sollten daher ans Ende des Themes ausgelagert werden, im besten Fall in den Footerbereich. Das beeinträchtigt die Funktionalität der Scripte nicht und sorgt dafür, dass der Aufbau der Seite und das

Auslesen durch Suchmaschinenbots zügig erfolgen kann. Auch die Leser werden von einer schnelleren Seite begeistert sein.

2.3.1.4 Überschriften

Nicht alle Inhalte auf einer Seite werden gleich stark gewichtet. Besonders hervorgehobene Wörter zählen für das Google-Ranking mehr als normaler Text. Die dahinterliegende Logik ist simpel: Wenn ein Wort auf einer Webseite besonders gekennzeichnet ist oder gar in der Überschrift vorkommt, muss es auch relevant sein.

Das gilt für kursive und fettgedruckte Wörter ebenso wie für Überschriften und Untertitel. Die Textformatierung kann man mit einem Theme individuell kaum beeinflussen, wohl aber die Überschriften.

Besonders die html-Tags <h1> bis <h6> sind dabei interessant. Die <h...>-Tags (h für heading/Überschrift) sind im html für die Bezeichnung von Überschriften vorgesehen. Sie können aber durch Style-Anweisungen auch so formatiert werden, dass sie sich nicht vom normalen Text unterscheiden. Die Wertigkeit folgt dabei der Nummerierung, <h1> steht für einen Hauptüberschrift, <h6> für einen mehrfachen Unterpunkt.

Der Titel einer Seite sollte immer in einem dieser Tags eingeschlossen sein, im besten Fall direkt in den <h1> Tag.
Im Theme selbst sieht dies meist so aus:

        <h1><a href="<?php the_permalink() ?>" ><?php the_title(); ?></a></h1>

Ist der Titel-Tag standardmäßig nicht mit einen <h...> Tag formatiert sollte man dies selbst nachholen.

Zusätzlich kann man die Schlagworte zu einem Artikel noch extra unter der Überschrift oder unter dem Artikel mit einem <h2> oder <h3> Tag einbinden. Da die Schlagworte in der Regel relevant für den Beitrag sind, erhöht sich so die Keyworddichte und die Relevanz der Keywords auf der Seite.

2.3.2 URL-Aufbau

Die URL unter der eine Webseite erreichbar ist, spielt bei der Bewertung der Relevanz einer Seite für die Suchmaschinen eine große Rolle. Gut sind "sprechende URLs" die im besten Fall noch das gesuchte Keywort enthalten.

Im Standardfall baut Wordpress eine URL nach dem folgenden Schema auf:

      http://www.meinblog.de/?p=1022

Die Zahl steht dabei für den Artikel bzw. die Artikelnummer. Diese URL ist funktionell und erfüllt ihren Zweck, in dem sie den gewünschten Artikel aufruft. Mehr jedoch auch nicht, denn ein Leser weiß anhand der URL nicht, was sich dahinter verbirgt und leicht zu merken ist eine solche URL auch nicht.

Suchmaschinen können aufgrund dieser URLs ebenfalls problemlos einen Artikel aufrufen, eine Einteilung hinsichtlich eines Themas kann jedoch nicht erfolgen, einfach weil die URL auch für Suchmaschinen keine Hinweise auf ein Thema enthält.

Besser sind daher URL, die Keywörter enthalten:

      http://www.meinblog.de/artikel-zur-wordpress-optimierung

Derartige URL sehen nicht nur schöner aus und sind leichter zu merken, Google kann anhand der Keywörter in der URL bereits eine

Wertung vornehmen. Der entsprechende Artikel würde damit bei Suchabfragen zu "Artikel", "Wordpress" und "Optimierung" einen Bonus erhalten.

Wordpress verfügt standardmäßig über ein System, dass die Umschreibung der URL in diese Form vornehmen kann. Dieses System setzt allerdings voraus, dass der Server über das mod_rewrite Modul verfügt. Ist dies gegeben kann einfach in den Einstellungen die Umstellung der URLs vorgenommen werden.

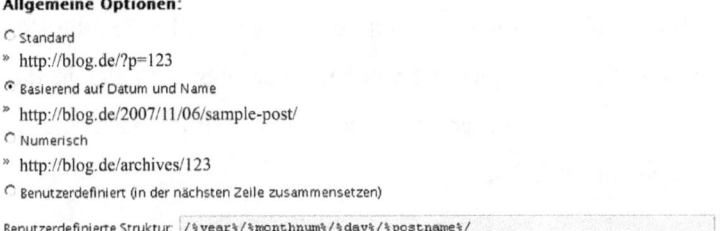

Abbildung 7: Optionen zum Umschreiben der URL

Im Menü Einstellungen/Permalinks stehen 3 Optionen für das Aussehen der URL zur Verfügung. Die genannten "sprechenden URLs" kann man entweder über die Option 2 (basierend auf Datum und Name) oder über eine benutzerdefinierte Struktur einstellen.

Für letzteres ist es notwendig in die dazugehörige Zeile den Code /%postname%/ einzufügen. In beiden Fällen wird der Titel des Artikel genutzt um eine URL zu erstellen.

Nutzt man die Option 2 sehen die entstehenden URL so aus:

http://www.meinblog.de/2007/11/07/artikel-zur-wordpress-optimierung

Vor dem eigentlichen Artikeltitel wird noch das Datum eingefügt, für die Suchmaschinen hat das keinen Einfluss.

Auch ohne die Nutzung des mod_rewrite Moduls können die URL in gewissen Rahmen angepasst werden, allerdings erscheint in diesem Fall dann immer neben dem normalen Begriff auch die Datei index.php in der URL.

Soll zum Beispiel der Name des Beitrags erscheinen muss unter Einstellungen/Permalinks im Feld benutzerdefiniert folgende Struktur angegeben werden:

/index.php/%postname%/

für Datum und Name entsprechend:

/index.php/%year%/%monthnum%/%day%/%postname%/

Durch die vorangehende index.php werden die Beiträge automatisch zugeordnet, eine .htaccess Datei ist nicht notwendig.

2.3.3 Interne Verlinkung

Im Zuge der Optimierung des Blogs sollte man sich auch Gedanken darüber machen, wie man die Erreichbarkeit der einzelnen Artikel verbessert. Ziel sollte dabei sein, dass jede Seite im Blog von der Startseite aus so einfach wie möglich, d.h. mit wenig Zwischenlinks, erreichbar ist. Das hilft nicht nur den Lesern, Artikel schnell zu finden, sondern fördert auch das Ranking in den Suchmaschinen.

Grundgedanke dahinter ist es, zu verhindern, dass Google Artikel abwertet und nur noch sekundär listet. Das entsprechende Phänomen nennt sich **Supplemental Index** und ist der Tod für die entsprechende Unterseite. Im Supplemental Index sammelt Google alle die Teile einer Webseite die zwar indexiert werden, aber für die normalen Suchergebnisse nicht relevant sind. So gibt es in Wikisystemen zum Beispiel zu jeder aktuellen Seite dutzende veraltete Seiten und Diskussionsseiten, die ebenfalls verlinkt sind, aber keine wichtigen

Informationen zum Suchbegriff anbieten. Damit solche Seiten nicht die Suchergebnisse verstopfen, wurden sie einfach in einen zweiten Suchindex ausgelagert, der bei normalen Suchanfragen nicht mit angezeigt wird.

Um zu überprüfen, ob und wiev iele Inhalte einer Domain im Supplemental Index gelandet sind, gibt es bei Google eine spezielle Abfrage, die nur Seiten ausgibt die von einer bestimmten Domain indexiert worden sind. Mit

site:www.meinedomain.de

kann man alle Seiten abfragen, die im Google-Index vorhanden sind. Hierbei wird keine Unterscheidung zwischen Supplemental Index und Hauptindex gemacht, das Ergebnis sind alle Seiten die von Google bisher in Zusammenhang mit der Domain bisher gecrawlt und gespeichert worden sind. Über die Abfrage

site:www.meinedomain.de/*

kann man alle Seiten anzeigen lassen, die im Hauptindex von Google gespeichert sind. Diese Seiten würden bei Suchabfragen berücksichtig werden.

Über eine Kombination beider Suchabfragen bekommt man dann die

Anzeige jener Seiten, die sich nicht im Hauptindex sondern im Supplementalindex befinden. Dazu werden einfach die Seiten im Hauptindex bei der Gesamtabfrage ausgeblendet.

site:www.meinedomain.de/ -site:www.meinedomain.de/*

Als Ergebnis werden alle Seiten angezeigt, die nicht im Hauptindex zu finden sind. Im Normalfall sollte dieser Wert bei 50 bis 70 Prozent der Gesamtseiten liegen. Dynamische Projekte wie Foren, CMS und Wikis haben meist einen etwas höheren Wert, statische Seiten mit einer geringen Anzahl an Unterseiten sollten deutlich unter diesem Wert liegen.

Diese hier gezeigte Abfragemöglichkeit ist seit Sommer 2007 aktuell. Davor gab es eine andere, einfacherer Abfrage der Werte, allerdings wurden diese durch Google deaktiviert.
Es kann daher durchaus sein, dass auch die hier gezeigte Möglichkeit in einigen Monaten nicht mehr funktionsfähig ist, falls Google erneut eine Änderung vornimmt. Sollten sich die Ergebnisse der Abfragen daher nicht mehr unterscheiden, ist es empfehlenswert in den vielen Blogs zum Thema Suchmaschinenoptimierung zu stöbern, ob es mittlerweile eine neuere Abfrage des Supplemental Index gibt.

Je besser eine Seite verlinkt ist, desto geringer ist die Gefahr, dass eine Seite in den Supplemental Index abrutscht. Insbesondere interne Links, also Links die von der eigenen Seite kommen, können helfen eine Seite im normalen Index zu halten.

Leider ist Wordpress in der Grundkonfiguration in diesem Punkt nicht besonders gut aufgebaut. Auf der Startseite finden sich immer nur die neusten Links, je mehr Beiträge geschrieben werden, desto weiter rutscht eine Seite nach hinten und desto geringer wird der Grad der internen Verlinkung. Eine Seite die 50 andere Beiträge vor sich hat wird zum Beispiel erst in der 4. Linkebene gefunden (Startseite + viermal auf ältere Beiträge klicken). Entsprechend gering ist der Grad der internen Verlinkung, die Gefahr dass diese älteren Beiträge in den Supplemental Index abrutschen ist damit groß.

Um dies zu verhindern gibt es verschiedene Möglichkeiten. Zur Stärkung der internen Verlinkung sollte man auf jeden Fall ein **monatliches Archiv** nutzen und dies auf der Startseite verlinken. Nur wenige Blogs schaffen mehr als 30 Beiträge im Monat, entsprechend bedeutet jedes Monatsarchiv eine Verlinkung aus der maximal dritten Ebene. Hilfreich für die interne Verlinkung ist auch ein **Taggingsystem** mit dem man zu jedem Beitrag thematisch passende ältere Beiträge anzeigen kann.

Das ist nicht nur für die Leser interessant, weil sie zu einem gesuchten Thema auch noch weiterführende Links finden. Darüber hinaus finden Suchmaschinen auch noch 5-10 themerelevante Links zu anderen Artikeln, die als interne Backlinks gewertet werden.

Tagging bedeutet dabei, einen Artikel mit Schlagworten zu versehen, die den Inhalt in kurzer Form umreißen. Dafür gibt es ein neues Feld (ab Wordpress 2.3), in dem die Schlagworte manuell und mit Komma getrennt eingetragen werden. Ein Beitrag über Außenpolitik würde so zum Beispiel die Schlagworte Irak, Krieg, und Bush bekommen. Schreibt man einen weiteren Artikel der ebenfalls eines dieser Schlagworte bekommt, würde dieser Beitrag als thematisch verwandet beim ersten Artikel mit angezeigt werden.
In der Version 2.3 bietet Wordpress bereits ein eigenes Tagging-System an, allerdings sind die Nutzungsmöglichkeiten noch eingeschränkt. Plugins wie Simple Tagging sind damit derzeit für diese Zwecke noch die besser Wahl, da sie die oben genannten Features (verwandte Artikel) bereits anbieten. Wenn das WP-Taggingssystem irgendwann ausgereift ist, kann man die Tags pro Artikel einfach in dieses System importieren. Über solche Plugins lassen sich auch sogenannte Tag-Clouds realisieren. Damit sind Tagwolken gemeint, die alle verwendeten Tags eines Blogs anzeigen. Je mehr ein Tag verwendet wurde, desto größer wird er dargestellt. Die Tags sind dabei verlinkt und führen zu einer Liste aller Artikel, die den Tag verwenden. So bekommt man neben dem monatlichen auch einen inhaltlichen Index, der zusätzliche Links setzt.

Interne Links bieten auch die Möglichkeit, selbst Keywörter als Linktext zu nutzen. Man kann also fast unbegrenzt mit verschiedenen Keywortkombinationen auf eine Unterseite linken und so deren Relevanz für Suchabfragen erhöhen.

Daher sollte man beim Artikel schreiben darauf achten, interne Links mit vielen unterschiedlichen Keywort-Kombinationen zu nutzen.

Bei größeren Blogprojekten darf eine Sitemap nicht fehlen. Damit ist eine Datei im xml-Format gemeint, die alle Links und Artikel eines Blogs auflistet und von den Bots der Suchmaschinen gelesen werden kann. Auf diese Art erspart man den Suchmaschinen, alle Seiten erst besuchen zu müssen um sie zu kennen. Auch hierfür gibt es Plugins, welche die Erstellung und Aktualisierung einer Sitemap automatisch vornehmen.

Die Sitemap selbst kann man über die Plugins direkt bei Google

Abbildung 8: Sitemap-Bereich im Webmastertool von Google

anmelden, wer bereits einen Webmaster-Account bei Google hat (www.google.de/webmasters/sitemaps) kann die Sitemap auch direkt dort einreichen. Auf jeden Fall empfiehlt es sich, die Sitemap auch direkt im Footer mit zu verlinken um den Suchmaschinenbot darauf aufmerksam zu machen.

Die meisten Plugins halten die Sitemap automatisch aktuell. Wenn der Suchmaschinenbot darauf zugreift, findet er also jedesmal den aktuellen Stand aller Seiten des Blogs. Wer Sitemaps per Hand erstellt oder erstellen lässt, sollte darauf achten, dass diese aktuell bleiben. Alte Sitemaps bedeuten meistens viele veraltete und defekte Links, während neue Seiten nicht beachtet werden.

Plugins:

- Sitemap Plugin
  http://www.dagondesign.com/articles/sitemap-generator-plugin-for-wordpress/
- XML Sitemap Generator
  http://www.arnebrachhold.de/projects/wordpress-plugins/google-xml-sitemaps-generator/

Prinzipiell gilt: Interne Links kann man nie genug haben. Wenn man nicht den zweistelligen Bereich verlässt, sollte man versuchen auf der Startseite und den Unterseiten durch automatische Systeme so viele interne Links wie möglich zu integrieren. Sie halten den eigenen Blog und insbesondere die älteren Artikel im Google-Index und sorgen so auch bei älteren Artikeln für einen kontinuierlichen Besucherstrom.

Seit Dezember 2007 trennt Google bei Suchabfragen nicht mehr zwischen Ergebnissen aus dem Supplemental Index und dem normalen Index. Ob die Suchergebnisse vom Ranking her unterschiedlich behandelt werden ist aber noch nicht geklärt. Eine Optimierung auf den Hauptindex ist daher nach wie vor empfehlenswert.

2.3.4 Content-Optimierung

Damit die bereits beschriebenen Maßnahmen Wirkung zeigen können, sollten beim Schreiben von Artikeln einige Richtlinien beachtet werden.

Die Überschrift des Artikels wird von Wordpress als URL verwendet unter der ein Artikel im Internet aufgerufen werden kann.

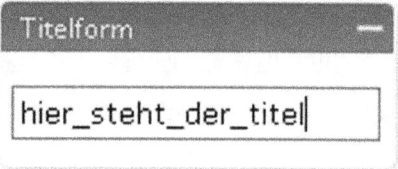

Abbildung 9: Formular zur Veränderung des Titels im Bereich "Artikel Schreiben"

Aus diesem Grund sollte eine Überschrift nicht nur Aufmerksamkeit erregen, sondern im besten Fall auch ein oder zwei Keywörter enthalten.

Ändert man eine Überschrift später ab, bleibt die URL in der ursprünglichen Form, die neue Überschrift wird nicht automatisch als URL übernommen. Dies kann man separat umstellen, die entsprechende Option findet sich im Artikel-Bearbeiten Menü unter dem Punkt Titelform.

Im Text selbst sind Keywörter ebenfalls wichtig. Soll ein Artikel unter einem bestimmten Keywort gefunden werden, muss dieses Keywort im Text vorkommen. Viele Texte zur Suchmaschinenoptimierung empfehlen eine Keywort-Dichte von etwa 5 Prozent für jeden Text, allerdings ist die Gefahr bei solchen Werten hoch, unlesbare Texte zu produzieren. Daher sollte man sich an solche Werte nicht sklavisch klammern, wenn ein Keywort mehrmals im Text erwähnt wird ist das vollkommen ausreichend.

Zusätzlich lässt sich die Bedeutung der Keywörter noch erhöhen in dem sie besonders hervorgehoben (fett und kursiv) in den Text eingebunden werden. Derartige Markierungen werden von den Suchmaschinen auch gelesen und als besondere Wertung interpretiert.

Wordpress Tunen

3.1 Themeoptimierung

3.2 Cache

3.3 Datenbank Wartung und Optimierung

3.4 Den Adminbereich beschleunigen

Größere Blogs werden früher oder später an die Leistungsgrenze des zugrundeliegenden Webservers stoßen. Das macht sich dann in langen Ladezeiten und verzögertem Seitenaufbau bemerkbar.

Wer das vermeiden möchte, sollte sich den eigenen Blog und insbesondere das Template etwas genauer anschauen, häufig kann hier einiges an Geschwindigkeit wieder hergestellt werden.

3.1 Theme-Optimierung

Prinzipiell sind Templates so aufgebaut, dass sie auf jedem Webspace arbeiten können. Diese Flexibilität ist jedoch nur machbar, wenn wichtige Daten wie die Adresse der Webseite und die Pfade zu den einzelnen Dateien dynamisch in der Datenbank abgespeichert werden. Die Kehrseite der Flexibilität liegt genau in diesem Punkt: für die meisten Angaben muss jedesmal eine Datenbankabfrage gestartet werden. Ersetzt man diese Abfragen durch die individuellen Adressen des Blogs kann man je nach Theme 5-10 Abfragen pro Seitenaufbau sparen – und entlastet damit den Server erheblich.

Ein Ausschnitt aus einem originalen Themeheader sieht so aus:

```
<head>
<meta http-equiv="Content-Type" content="<?php bloginfo('html_type'); ?>; charset=<?php bloginfo('charset'); ?>" />
<meta name="generator" content="WordPress <?php bloginfo('version'); ?>" />
<link rel="stylesheet" href="<?php bloginfo('stylesheet_url'); ?>" type="text/css" media="screen" />
<link rel="alternate" type="application/rss+xml" title="<?php bloginfo('name'); ?> RSS 2.0" href="<?php bloginfo('rss2_url'); ?>" />
<link rel="alternate" type="application/atom+xml" title="<?php bloginfo('name'); ?> Atom 0.3" href="<?php bloginfo('atom_url'); ?>" />
<link rel="pingback" href="<?php bloginfo('pingback_url'); ?>" />
<title><?php bloginfo('name'); ?> <?php wp_title(); ?></title>
<link rel="shortcut icon" href="<?php bloginfo('template_url'); ?>/images/favicon.ico" type="image/x-icon" />
<link rel="icon" href="<?php bloginfo('template_url'); ?>/images/favicon.ico" type="image/x-icon" />
<?php wp_head(); ?>
</head>
```

Jeder <?php ... ?> Aufruf bedeutet dabei eine Anfrage an die Datenbank, wobei in der Regel nur einen URL übergeben wird. Mehrfach wird zum Beispiel <?php bloginfo('name'); ?> aufgerufen, eine Funktion, die den Namen des Blogs aus der Datenbank ausgibt. Ersetzt man diesen Befehl durch den Namen des Blog, ändert sich am Aussehen des Blog nichts, man hat allerdings bereits im Header drei Datenbankabfragen weniger. Der einzige Nachteil der Umstellung: Man kann den Name des Blogs nicht mehr im Admin-Interface ändern, sondern muss ihn auch im Template anpassen.

3.2 Cache

Wordpress bietet zur Steigerung der Geschwindigkeit auch ein Cache-System an. Dieses kann jedoch nicht im Admin-Interface aktiviert werden sondern muss per Eintrag in die Datei wp-config.php konfiguriert werden.

Cachen bedeutet dabei, dass Inhalte zwischengespeichert werden, eine Seite die einmal aufgerufen wurde wird in einer temporären Datei zwischengelagert und bei erneuten Aufruf wird die Ausgabe nicht neu aus der Datenbank aufgebaut sondern einfach der Zwischenspeicher geladen. Das spart Zeit beim Aufruf und entlastet den Server. Der

Vorgang des Speicherns der Kopie selber bedeutet einen Arbeitsschritt mehr, dafür werden nachfolgende Arbeitsgänge einfacher. Probleme kann es geben, wenn häufig neue Inhalte auf einer Seite generiert werden (etwa durch Kommentare). Dann muss bei jedem neuen Inhalt die Seite erneut zwischengespeichert werden und kann nicht aus dem Speicher aufgerufen werden, da dort die neuen Infos noch fehlen würden. Dies würde zu einer Mehrbelastung führen.

In den meisten Fällen sorgt das Cachen von Seiten aber für eine deutlich bessere Performance des Blogs.

Die Aktivierung des wordpress-internen Cachesystems (ab Wordpress 2.0) erfolgt über folgende Zeile, die in der Datei wp-config.php hinzugefügt werden muss:

```
define('ENABLE_CACHE', true);
```

Dazu muss ein Ordner mit dem Namen cache im Unterverzeichnis wp-content vorhanden sein, in dem die zwischengespeicherten Dateien abgelegt werden können. Dieser Ordner muss beschreibbar sein. Ist kein Ordner vorhanden und das Verzeichnis wp-content beschreibbar, legt das Cachesystem den Unterordner auch selbst an.

Standardmäßig werden die Seiten dabei für 900 Sekunden

abgespeichert, sind die Seiten im Zwischenspeicher älter, wird die Seite erneut im Cache gespeichert. Dieser Wert kann über folgenden Befehl (ebenfalls in wp-config.php) geändert werden:

   define('CACHE_EXPIRATION_TIME', *900*);

Statt der 900 können hier beliebige Werte eingegeben werden, je höher der Wert, desto weniger wird nachgeladen.

Der Einsatz von Plugins funktioniert ebenso leicht – Geschwindigkeitsunterschiede gibt es dabei nicht. Plugins wie WP Super Cache werden ganz normal installiert und verfügen über einen Adminbereich mit dem die Cache Ausgabe aktiviert und gesteuert werden kann.

Für die Plugins müssen teilweise noch Änderungen an der .htaccess Datei vorgenommen werden. Der Einsatz von Cache Plugins ist dann besonders sinnvoll, wenn nur Teile der Webseite gecacht werden sollen. Die meisten Plugins bieten die Möglichkeit, bestimmte Ordner oder Bereiche aus dem Caching auszuschließen, so kann man Seiten, die oft geändert werden nicht cachen lassen, während statische Inhalte durch den Einsatz des Cache beschleunigt werden.

Links

- WP Super Cache
  http://ocaoimh.ie/wp-super-cache

Um die Effekte des Tunings in Zahlen anschaulich zu machen gibt es einen einfachen Befehl, den man in der Footer-Datei des Blogs einsetzen kann.

<!-- Datenbank: <?php echo $wpdb->num_queries; ?> Abfragen, <?php timer_stop(1); ?> Sekunden. -->

Dieser Befehl generiert im Quelltext der Seite eine Ausgabe der Anzahl der Datenbankabfragen die getätigt wurden sowie die Zeit bis die Seite komplett aufgebaut war. Auf der Seite selbst ist diese Ausgabe nicht zu sehen.

<!--Datenbank: 51 Abfragen, 1.523 Sekunden. -->

Die Werte nach dem Tuning des Blogs sollten unter den Werten vor dem Tuning liegen, dann hat man gute Arbeit geleistet.

3.3 Datenbank: Wartung und Optimierung

Die Datenbank ist das Herzstück eines jeden Blogs, denn hier liegen die wichtigen Daten die jedesmal wenn ein User die Seite aufruft zur Verfügung stehen müssen. Entsprechend wichtig ist es, dass die Datenbank flüssig läuft und Abfragen schnell ausgeführt werden können.

Da viele Nutzer über Kommentare, Anmeldungen und Links Einträge in die Datenbank vornehmen können, ist es hilfreich, die Datenbank ab und an zu warten und zu optimieren.
Die meisten Webspace und Server bieten dafür die Datenbank-Administrationssoftware phpmyadmin an. Über diese Software können alle Operationen in der Datenbank aufgeführt werden.

Es empfiehlt sich, wenigstens einmal im Monat mit dieser Software alle Tabellen in der Datenbank zu prüfen und zu optimieren.

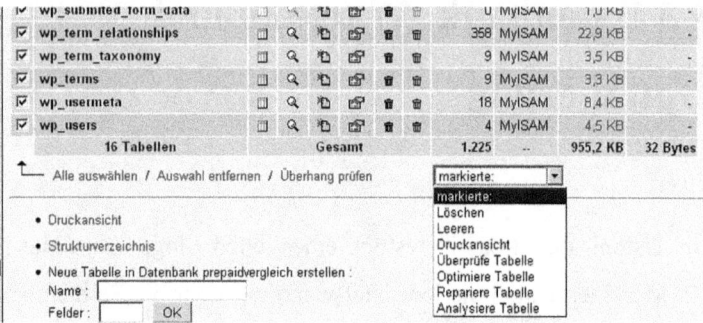

Abbildung 10: Datenbankabbildung in phpmyadmin

Überprüfe Tabelle Durchsucht die ausgewählten Tabellen nach Fehlern und inkonsistenten Einträgen.

Optimiere Tabelle Defragmentiert die Tabellen und gibt nicht benötigten Speicherplatz frei

Analysiere Tabelle Speichert Schlüsselwörter aus den Tabellen um den Zugriff bei Suchanfragen zu beschleunigen.

Die Option "Repariere Tabelle" sollte nur genutzt werden, wenn wirklich Fehler vorliegen. Für eine Optimierung der Datenbank ist sie nicht sinnvoll.

Wenn kein phpmyadmin zur Verfügung steht, kann zu diesem Zweck auch ein Plugin genutzt werden. Database Tuning wird einfach per Admininterface installiert und bietet alle Funktionen, die myphpadmin auch bietet.

Darüber hinaus können noch zusätzlich Suchindexe angelegt werden um bei großen Datenbanken die Suchabfragen nach bestimmten Einträgen zu beschleunigen.

Plugin:

- Database Tuning
  http://www.rabich.de/2007/01/05/howto-plugin-database-tuning/

3.4 Den Adminbereich beschleunigen

Das Einloggen in den Adminbereich dauert in manchen Fällen recht lange, was an den vielen externen Informationen liegt, die im Adminbereich eingebunden werden. Zum Beispiel werden eingehende Links von Technorati abgefragt, was einige Zeit dauern kann.

Aus diesem Grund empfiehlt es sich, den Tellerrand (die Startseite des Adminmenüs) ein wenig zu modifizieren, um schneller in den Adminbereich zu gelangen.

Die entsprechenden Änderungen können in der Datei index.php im Unterverzeichnis wp-admin vorgenommen werden. Dort gibt es die Codezeilen für die Technorati-Abfrage und die Einbindung des Wordpress Blogs mit aktuellen Neuigkeiten.

Technorati:

```php
<?php
$rss = @fetch_rss('http://feeds.technorati.com/cosmos/rss/?url='
. trailingslashit(get_option('home'))
.'&partner=wordpress');
if ( isset($rss->items) && 0 != count($rss->items) ) {
?>
<div id="incominglinks">
<h3><?php _e('Incoming Links'); ?> <cite><a href="http://www.technorati.com/search/<?php echo trailingslashit(get_option('home')); ?>?partner=wordpress"><?php _e('More'); ?> &raquo;</a></cite></h3>
<ul>
<?php
$rss->items = array_slice($rss->items, 0, 10);
foreach ($rss->items as $item ) {
?>
<li><a href="<?php echo wp_filter_kses($item['link']); ?>"><?php echo wp_specialchars($item['title']); ?></a></li>
<?php } ?>
</ul>
</div>
<?php } ?>
```

Entfernt man diese Codezeilen werden keine Backlinks mehr bei Technorati abgefragt. Die Einbindung des Wordpress-Blogs ist etwas umfangreicher:

```php
<?php _e("Below is the latest news from the official WordPress development blog, click on a title to read the full entry. If you need help with WordPress please see our <a href='http://codex.wordpress.org/'>great documentation or if that doesn't help visit the <a href='http://wordpress.org/support/'>support forums</a>."); ?></p>
<?php $rss = @fetch_rss('http://wordpress.org/development/feed/');
if ( isset($rss->items) && 0 != count($rss->items) ) {
?> <h3>< ?php _e('WordPress Development Blog'); ?></h3><?php $rss->items = array_slice($rss->items, 0, 3);foreach ($rss->items as $item ) { ?>
<h4><a href='<?php echo wp_filter_kses($item['link']); ?>'>< ?php echo wp_specialchars($item['title']); ?></a> &#8212; < ?php printf(__('%s ago'), human_time_diff(strtotime($item['pubdate'], time() ) ) ); ?></h4><p>< ?php echo $item['description']; ?></p>
<?php } } ?><?php $rss = @fetch_rss('http://planet.wordpress.org/feed/');
if ( isset($rss->items) && 0 != count($rss->items) ) { ?>
<div id="planetnews">
```

```
<h3>< ?php _e('Other WordPress News'); ?> <a
href="http://planet.wordpress.org/">< ?php _e('more'); ?>
&raquo;</a></h3><ul><?php
$rss->items = array_slice($rss->items, 0, 20);
foreach ($rss->items as $item ) {
?>
<li><a href='<?php echo wp_filter_kses($item['link']);
?>'>< ?php echo wp_specialchars($item['title']);
?></a></li>
<?php
}
?></ul></div><?php
}
?>
```

Diese Zeilen können ebenfalls einfach entfernt werden. Ab Version 2.3 wird bei Wordpress nicht mehr die Technorati Verlinkung angezeigt sondern Links aus der Google Blogsuche. Um in dieser Version die Abfragen zu entfernen, reicht es die index_extra.php im Unterverzeichnis wp-admin zu löschen oder umzubenennen. Dort sind alle Abfragen enthalten – wird diese Datei entfernt werden keine Abfrage mehr für den Tellerrand durchgeführt.

Wer nichts an den Dateien verändern will, kann die Modifikation des Tellerrandes auch per Plugin vornehmen lassen.

Mit dem Plugin Dasher kann man den Tellerrand einfach per Adminmenü ändern, Technorati und Worpdress Blog werden standardmäßig entfernt. Zur Installation reicht dabei das simple Hochladen und Aktivieren des Plugins, danach kann unter "Verwalten" der Tellerrand per Mausklick konfiguriert werden.

Es können mit diesem Plugin auch andere RSS-Feeds direkt auf der Startseite eingebunden werden.

Link:

- Dasher - http://familypress.net/dasher/

VERMARKTUNG

4.1 Wie generiert man Einnahmen mit einem Blog?

4.2 Werbeformate

4.3 Abrechnungsformen

4.4 Anzeigenplatzierung und Layout

4.5 Google-Adsense

4.6 Affiliate Netzwerke

4.7 Sponsornetzwerke

4.8 Blogwerbung

4.9 Abrechnung von Provisionen

Viele Besucher in einem Blog sind schön, bedeuten aber auch höhere Anforderungen an die Hardware. Dazu erfordert ein gut gepflegter Blog viel Arbeit und damit Zeit. Viele Blogger spielen deshalb früher oder später mit dem Gedanken, einen Teil des Aufwandes für den Blog in Form von Werbung wieder zu erwirtschaften.

Das Kapitel Vermarktung beschäftigt sich daher mit dem Thema, wie man einen Teil der Leser, die man mit den Hinweisen in den vorigen Kapiteln gewonnen hat, möglichst gewinnbringend auf andere Seite weiterzuleiten.

Im Internet gibt es leider kaum die Möglichkeit, reine Werbeflächen zu vermieten. Wenn bezahlt wird dann meistens nur, wenn ein User eine Klick ausgeführt. Hinter jeder Werbeeinnahme steht damit ein Leser, der den Blog zu einer anderen Seite verlassen hat. Über diese Tatsache sollte man sich vor der Einbindung von Werbung im Klaren sein: *Werbung bedeutet User an andere Seiten kostenpflichtig zu vermitteln. Man tauscht überspitzt gesagt Geld gegen User.*

4.2 Werbeformate:

4.3.1 Banner

Die Werbeformate im Internet sind in der Regel Standardformate die sich relativ einfach in bestehende Seiten einbauen lassen.

Das häufigste Format sind sogenannte **Banner**, grafische Werbeflächen mit animiertem oder statischem Inhalt, die bei jedem Laden der Seite auf der sie geschaltet sind, mit geladen werden.

Banner sind mit das älteste Werbeformat im Internet und dank ihrer Einfachheit auf fast jeder Seite zu finden.

Das ursprüngliche Format der Banner ist **468x60** Pixel.

Dieses Format stammt noch aus der Anfangszeit des Internets, als die Bildschirme eine Standardauflösung von 800x640 hatten oder noch geringer. Damals konnte man keine größeren Banner schalten, da diese sonst das Layout der Webseite zerstört hätten und Teile davon immer im nicht sofort sichtbaren Bereich außerhalb des Bildschirms gelegen hätten.

Heutzutage liegt die Bildschirmauflösung um Standard bei 1024x768 und höher. Größer Bannerformate sind also durchaus praktikabel und auch ohne Probleme nutzbar – trotzdem hat sich das 468x60-Format als Standardformat gehalten und wird nach wie vor gerne und oft genutzt. Für Blogs ist das recht praktisch, denn vielfach wird ein 2 oder 3 Spaltendesign benutzt. Da die einzelnen Spalten selten größer als 500 Pixel sind, ist es sinnvoll nur Standardbanner zu nutzen, da man diese einfach einbauen kann ohne große Änderungen am Design vornehmen zu müssen.

Der große und moderne Bruder des 468x60 ist das **728x90** Banner, häufig auch Leaderboard genannt.

Herz Geschenkidee	Die eigene Sauna	Asics Schuhe & Bekleidung	Marken Sicherheitsschuhe
Hier finden Sie schöne interessante Geschenkideen & sparen bis zu 75%! www.Preisvergleich.de/Geschenk	Spitzen-Qualität zu Werkspreisen Jetzt kostenlosen Katalog anfordern www.Hofmann-Sauna.de	in riesiger Auswahl, mit bis zu 33% Rabatt - hier kaufen Sie günstig! www.Sportpoint24.com/Asics	Für Gewerbe und Privat. Geiz ist dumm, Qualität ist wichtig www.maxxicon.net

Google-Anzeigen

Abbildung 11: Banner im Format 728x90 mit Google Textanzeigen

Dieses ist an die größeren Bildschirmauflösungen angepasst und erzeugt demnach auch mehr Aufmerksamkeit. Zudem kann man mehr Inhalte transportieren. Dieses Banner eignet sich bei Blogs für die Verwendung im Head-Bereich, für die meisten Content-Bereiche ist es zu groß.

Die große Verbreitung von Banner ist allerdings auch ein Problem. Die Nutzer des Internets haben vielfach blinde Flecken entwickelt was

Banner betrifft. Häufig werden die Standardwerbeflächen für Banner (oberhalb des Contents) gar nicht mehr beachtet und sind somit für eine effektive Werbung nutzlos.

Aus diesem Grund wurden viele andere Werbeformate für Banner entwickelt, die an anderen Stellen des Contents eingebunden werden können.

Oft werden dabei kleiner Werbebanner (**Buttons**) genutzt, die mit Formaten im Bereich **125x125** oder ähnliches, klein und flexibel sind und an den verschiedensten Stellen des Contents eingebaut und genutzt werden können. Häufig komme sie auch als Überschriften von Spalten oder als grafische Links zum Einsatz

Das auffälligste neue Format ist der **Skyscraper**, ein Banner im Format **120x600**.
Skyscraper werden in der Regel als Begrenzung am rechten Bildschirmrand genutzt um den Content nach außen abzugrenzen oder auch als Abschluss einer Spalte. Durch ihre Höhe bleiben sie dem User auch beim Scrollen auf der Seite immer im Blickfeld und die Anordnung der Werbebotschaft untereinander erzeugt zumindest im westeuropäischen Kulturkreis mehr Aufmerksamkeit als ein normales Banner.

Da dieses Werbeformat relativ jung ist kann man noch nicht sagen, ob ähnliche Gewöhnungs- oder Ermüdungseffekte auftreten werden wie bei den normalen horizontalen Bannern.

Neben den Formaten der Banner gibt es noch einige andere Gestaltungskriterien, mit denen man die Aufmerksamkeit der User und damit die Wirksamkeit von Bannern erhöhen kann.

Wie im normalen Leben auch ziehen im Internet animierte, also bewegte Bilder mehr Aufmerksamkeit auf sich als statische.
Im Internet gibt es daher Grafikformate, die Animationen zulassen (.gif) und spezielle Formate wie Flash, die ebenfalls für die Grafikanimation gedacht sind.

Prinzipiell kann man mit Bewegungen im Banner (und sei es nur ein Slogan, der auftaucht und verschwindet) die Wirksamkeit der Werbung stark erhöhen.
Dazu werden häufig Banner mit gif-Formaten benutzt. GIF bedeutet ausgesprochen Graphics Interchange Format und ist ein neben Bitmaps und JPEGs eines der drei häufigsten Formate in denen Grafiken abgespeichert werden. Jeder Browser kann dieses Format darstellen. Leider haben GIFs Nachteil, dass sie bei einer größeren Anzahl an Animationen sehr viel Speicherplatz verbrauchen. Da aber die Schnelligkeit des Seitenaufbaus sehr stark von der Größe der

einzelnen Grafiken abhängt, werden GIFs nur für kleiner Animationen eingesetzt, um die User nicht durch zu lange Ladezeiten zu vertreiben.

Ein anderes Format sind **Flash-Banner**. Das Flashformat (.swf als Dateiendung) ist speziell auf animierte Abläufe ausgelegt und verbraucht dementsprechende wenig Speicher. Leider gibt es immer noch Probleme bei der Darstellung von Flashanimationen in den verschiedensten Browsern. Diese können zudem selektiv abgeschaltet werden, ohne dass der eigentliche Inhalt der Seite darunter leidet. Daher erreicht man mit diesem Format häufig weniger User als mit normalen GIFs.

Flash-Banner bieten auch die Möglichkeit, Soundeffekte bzw. Musik mit einzubinden. Von derart ausgestatteten Werbebannern ist aber dringend abzuraten.

Die Besucher erschrecken sich in der Regel zu Tode, wenn auf einmal unvermittelt Soundeffekte aus den Boxen kommen. Werden diese noch wiederholt (also Banner in Schleife abgespielt) sind sie nur noch nervig. Dazu fehlt in der Regel der konkrete Bezug zwischen Werbung und Sound, der Ton wird zuerst der Webseite zugerechnet, erst bei näherem Hinschauen wird der Zusammenhang zu Werbung entdeckt.

Soundeffekte bei der Werbung erzeugen deshalb hochgradige Antipathien (vergleichbar mit der Klingentonwerbung im Fernsehen) die der Reputation des Produktes und der Seite sehr abträglich sind. Wer sich für diese Art der Werbung entscheidet sollte über ein gutes Supportteam verfügen um die zu erwartenden Entrüstungsmails und Anfragen abzuarbeiten.

4.2.2 Popups und Layer:

Popups sind kleine Zusatzfenster, die meist ungewollt beim Betreten (Enter-Popups) oder Verlassen (Exit-Popups) einer Seite geöffnet werden.
Ursprünglich waren sie gedacht, um Zusatzcontent auf Anfrage anzubieten, diese Funktion ist mittlerweile jedoch kaum noch anzutreffen, 99% aller Popups enthalten Werbung.

Das Öffnen eines neuen Fensters über dem ursprünglichen Content erzeugt natürlich immer Aufmerksamkeit beim Benutzer, weshalb Popups an sich gut geeignet sind, um Werbung zu transportieren. Dazu kommt, dass faktisch ein neues Fenster geöffnet wird, es existieren also keine so strengen Formatvorgaben wie bei den Bannern, theoretisch kann das Popup unbegrenzt groß sein.

Popups waren zeitweise so beliebt, das praktisch jede Seite die Werbung nutzte mit ihnen arbeitet. Oft wurden auch mehrere Zusatzfenster gleichzeitig geöffnet. Popups wurden außerdem häufig von illegalen Seiten missbraucht und per Software direkt in die Browser geschmuggelt.

Deswegen benutzten immer mehr User Popupblocker, die wirksam das Öffnen unwillkommener Fenster verhinderten. Firefox und Opera boten diese bereits seit Anfang 2004 standardmäßig an, Windows zog später mit der ServicePack 2 nach, dort waren neben einer Firewall auch ein Popupblocker für den Internetexplorer integriert.

Derzeit sind Popups als Werbeform kaum noch effektiv. Von 1000 User blocken etwa 800-900 Popups. Von 1000 Besuchern sehen also nur etwa 200 die Werbung und damit sind schlechte Klick- und Conversion-Raten vorprogrammiert.

Die „Lösung" oder die Wiedergeburt der Popups liegt derzeit in neuen Technologien. Dynamisches HTML und Flashtechnologien machen es möglich, sogenannte Layer einzublenden, die sich ebenso wie Popups in den Vordergrund der Seite schieben und den Content verdecken. Diese Layer werden derzeit kaum geblockt, da die Technologie einfach noch zu neu ist, wahrscheinlich ist es aber nur eine Frage der Zeit bis auch hier Lösungen für den breiten Markt angeboten werden. Dazu kommt, dass diese Layer häufig wenig kompatibel mit den verschiedenen Browsern sind und sich teilweise nicht schließen lassen, wenn bestimmte Plugins nicht vorhanden sind. Damit verbaut man also einem Teil der User den Zugang zu der Website. Diese Besucher sieht man wahrscheinlich nie wieder.

Trotzdem ist das Popup-Konzept immer noch ein beliebter, weil effektiver Werbeträger. Allerdings sollte man sich vor einer Entscheidung für Popups über die möglichen Probleme im Klaren sein und diese am besten bereits vor Einbau checken.

Standardmäßig sollten alle Popups in allen gängigen Browsern getestet werden, dies gilt auch für die verschiedenen Betriebssystem Windows, Mac-OS und Linux. Zudem sollte man dringend Wert auf eine **Reloadsperre** von mindestens 24 Stunden legen – nichts ist nerviger und verschreckt die Besucher mehr als Popups, die sich bei jedem Klick wieder neu öffnen.

4.2.3 Textlinks:

Die wohl am wenigsten auffällige Werbeform im Internet sind Links, die direkt in Texte integriert werden und den Werbecode des Websitebetreibers enthalten.

Klickt ein Besucher auf einen solchen Link, wird er direkt zu einem Werbeangebot geführt und der Websitebetreiber bekommt den Klick gutgeschrieben bzw. die Provision falls es zu einem Abschluss kommt. Textlinks sind in der Regel nur etwa 1-2 Wörter lang und finden sich direkt im Content der Website.

Problematisch ist dabei der Spagat zwischen Werbung und Information. Der Besucher erhofft sich Information durch die Website und bekommt stattdessen ein kostenpflichtiges Angebot. Die führt häufig zu Irritationen.

Daher sollten Textlinks vorsichtig eingesetzt und der Inhalt der Links besonders gut auf den Content der Seite insgesamt und auch auf den umgebenden Text abgestimmt sein.

Wordpress bietet für die Textlinks eine Reihe von Plugins, die automatisch Keywörter mit Werbelinks hinterlegen. So wird zu

Beispiel für das Wort Konto eine Verlinkung auf eine Online-Bank hinterlegt, wenn das Wort im Text genutzt wird, wird automatisch der Link eingefügt. Diese Plugins funktionieren auch mit unbezahlten Links, eigenen sich aber ebenso gut um Affiliatelinks zu hinterlegen.

Plugins:

- Alinks
  http://headzoo.com/alinks
- Link Modder
  http://wp-plugins.net/wpp2/download.php?id=2711

Interessant für alle Blogger, die häufig mal auf Ebay verlinken: Auction Adder. Damit werden alle Ebaylinks automatisch als Affiliate Links umgeschrieben und Anmeldungen, Gebote oder ähnliches die über die URL stattfinden werden dem Blogbetreiber zugeordnet.

- AuctionAdder
  http://wp-plugins.net/plugin/auctionadder/#plugin_2461

4.2.4 Andere Werbeformen:

Neben diesen standardisierten Formen der Werbung existieren noch eine fast unüberschaubare Anzahl anderer Werbeformen. Der Phantasie der Werbetreibenden sind hier kaum Grenzen gesetzt.

Neue Technologien schaffen immer neue Möglichkeiten, Werbebotschaften zu überbringen und so entstehen mit jeder Neuerung im Netz und auch außerhalb des Netzes neue Möglichkeiten zu werben.

Für welche Werbeform man sich auch immer entscheidet: Einige Regeln sollte man immer beachten.

1. Werbung sollte zum Content der Seite passen. Gute Klickraten erzielt man nur, wenn man den Usern Werbung bietet, die auch für sie interessant ist.
2. Die Werbung sollte sichtbar sein und Aufmerksamkeit generieren, aber sie soll nicht die Besucher der Website nerven.
3. Die Werbung sollte kompatibel zu den gängigsten Browsern sein und keine exotischen Formate nutzen.

4. Werbung sollte den Content nicht dauerhaft stören.
5. Werbung sollte abwechslungsreich sein.

4.3 Abrechnungsformen

Die Formen der Provisionierung von Werbung sind mindestens ebenso vielfältig wie die Werbeformate. Von der Miete des Werbeplatzes bis hin zur Staffelprovision bei Vertragsabschluss reichen die Modelle.

Pay per View (PPV) Vergütet wird jede Einblendung der Werbung. Diese Form der Abrechnung ist bei Partnerprogrammen eher selten anzutreffen. Gründe dafür sind einerseits die hohe Anfälligkeit dieser Vergütungsform für Manipulationen seitens des Publishers, andererseits ist die Kalkulation einfacher, wenn man per Klick abrechnet. PPV-Systeme werden daher in der Regel bei Sponsornetzwerken eingesetzt die eine entsprechend geringer Vergütung bieten. Abgerechnet wird in der Regel nach 1000 Einblendungen (TKP). Der derzeit marktübliche TKP-Preis liegt bei 3-4 Euro.

Die Abrechnung dieser Werbeform ist sehr einfach, leider auch einfach zu manipulieren, denn die Umsätze müssen nicht vom Werbetreibenden freigegeben werden.

Pay per Click (PPC) Diese Form der Abrechnung wird meist genutzt, wenn man den Abschluss des Produktes nicht direkt kontrollieren kann weil man nur Zwischenhändler oder ähnliches ist. Alle keyword-basierenden Werbesysteme basieren auf der Klickabrechnung. Wie der Name schon sagt wird hier erst abgerechnet, wenn der Kunde die URL oder Anzeige anklickt. Dann wird ein vorher festgelegter Betrag dem Publisher gutgeschrieben. Bei keyword-basierender Werbung können die Werbetreibenden meist für jedes Keywort andere Klickpreise festlegen.

PPC-Werbeformen sind ebenfalls anfällig für Manipulationen, allerdings entwickeln die Anbieter immer ausgefeiltere Methoden um genau dieses zu verhindern. Die Abrechnung ist vergleichbar mit PPV-Systemen und Bedarf keiner Freigabe durch die Merchants.

Pay per Click-Out (PPCO) Dies ist eine Sonderform der PPC-Vergütung und kommt häufig bei Preisvergleichen und Suchmaschinen vor. Bezahlt wird bei dieser Form nicht für einen Klick, sondern erst wenn der Kunde nach dem Klick auf dem neu erscheinenden Angebot einen weiteren Klick tätigt.

Preisvergleiche bieten zum Beispiel häufig direkt Suchfelder für die eigene Homepage an. Nutzt der Kunde ein solches Suchfeld um ein Produkt zu finden wird er auf eine Ergebnisseite geleitet, die alle relevanten Produkte enthält. Für die Nutzung der Suche würde bei einer PPCO-Vergütung selbst noch nicht gutgeschrieben werden. Erst wenn der Kunde auf der Ergebnisseite zu einem der Produktshops weiterklickt würde dies als Click-Out gezählt und entsprechend abgerechnet.

Die meisten Suchmaschinen bieten Suchfelder an die nach entsprechenden Mustern arbeiten.

Der Nachteil gegenüber normalen PPC-Abrechnungen liegt auf der Hand: Der Kunde muss zweimal klicken, damit es vergütet wird. Zufallsklicks würden also nicht mitgezählt. Dafür hat man die Chance, dass nach einer Suche ein Kunde gleich mehrfach klickt, wenn er ein entsprechendes Produkt sucht.

Pay per Lead (PPL) (Bezahlung nach qualifiziertem Kundenkontakt)
Mit Lead ist das Erreichen einer vorher festgelegten Seite oder das Ausfüllen eines Formulars gemeint. Ist diese Aktion abgeschlossen wird dem Publisher der Lead gutgeschrieben. Häufig wird Leadwerbung für kostenlose oder kostengünstige Angebote genutzt. Die Einschreibung in ein Forum zum Beispiel könnte als Lead gelten. Wird diese korrekt durchgeführt gilt der Lead als erreicht und dem Publisher wird der vereinbarte Betrag gutgeschrieben. Lead-Vergütung sind meist höher als PPC-Vergütungen. Dafür ist der Anteil der User die einen Lead kreieren geringer.

Die Abrechnung ist schwieriger weil die Daten in der Regel auf Korrektheit geprüft werden. Daher müssen Leads meist freigegeben werden, was je nach Merchant 1-60 Tage dauern kann. Die entsprechenden Richtwerte für Freigaben sind in der Regel in den Partnerprogrammen hinterlegt.

Pay per Sale (PPS) (Bezahlung nach Verkauf)
Bei dieser Vergütungsform wird an den Publisher ausgezahlt, sobald ein Kaufvorgang abgeschlossen ist. Häufig erfolgt dies nicht mit einem festen Betrag sondern über einen prozentualen Anteil an der Kaufsumme.

Da nach derzeitigem Recht jeder Kunden ein Widerrufsrecht hat bei Internetkäufen, dauert die Wertung eines Sales meist länger als bei einem Lead. Erst wenn das Geld beim Merchant eingegangen ist und das Widerrufsrecht abgelaufen, werden die Sales vergütet.

kombinierte Formen   Häufig findet man das Nebeneinander von mehreren Vergütungsformen. Insbesondere wenn Sonderaktionen gestartet werden oder ein Produkt neu eingeführt wird legen Merchants großen Wert darauf, dass ihr Produkt möglichst überall im Internet erscheint. Der günstigste Weg dahin ist einen PPS- oder PPC-Kampagne. Die übliche Vergütungsformen PPL oder PPS für das Produkt werden aber trotzdem beibehalten.

4.4 Anzeigenplatzierung und Layout

Die Leistung von Werbeanzeigen und damit direkt auch die Höhe der Einnahmen hängt stark von der Platzierung der Anzeigen ab. Es gibt Bereiche in Webseiten, die eher wenige Aufmerksamkeit bekommen, andere Bereich werden dagegen von Besuchern direkt nach dem Aufruf der Seite wahrgenommen. Dementsprechend würden auch Anzeigen in diesen Bereichen entweder viel oder weniger Aufmerksamkeit abbekommen. In der Grafik sind besonders aufmerksamkeitsstarke Bereiche von Webseiten rot markiert. Je roter ein Bereich, desto mehr wird er beachtet. Grundlage für diese Grafik ist eine Eye-Tracking-Studie aus dem Jahr 2005 (10). Dabei wurden die Augenbewegungen von Versuchspersonen gemessen die

Abbildung 12: Aufmerksamkeitsverteilung auf einer normalen Internetseite

eine Webseiten (Google Suchergebnisse) betrachteten. Ziel war es herauszufinden, welche Bereiche einer Seite besonders intensiv betrachtet wurden und in welcher Reihenfolge Elemente einer Webseite in Augenschein genommen wurden.

Die Grafik ist standardisiert und geht von einem herkömmlichen Seitenaufbau aus. Bei ausgefalleneren Designs kann die Aufmerksamkeitsverteilung abweichen.

Für die Platzierung sollten Anzeigen in den roten Bereichen platziert werden. Dort sind die Klickraten am höchsten. Am besten für die Platzierung der Anzeigen ist die Nähe zum Content der Seite.

Google empfiehlt in den eigenen FAQ (11) von Google Adsense eine etwas abgeänderte Version der obigen Grafik, die sich mehr am Content der Webseite orientiert. Die Überschneidungsbereiche beider Empfehlungen sind aber sehr groß.

Besonders für Google Adsense Anzeigen empfiehlt es sich zudem, ein Anzeigen-Layout zu nutzen, dass sich nicht sehr von der Seite abhebt. Die Klickraten sind dann hoch, wenn Content und Werbung nur wenige Unterschiede haben.

Um eventuelle Ermüdungseffekte auszuschalten, sollte Werbung rotieren, das heißt wechselnd eingeblendet werden. Das gleiche Banner auf jeder Seite wird nach 2-3 Seiten nicht mehr beachtet.

4.5 Google-Adsense

Google Adsense das Werbeprogramm von Google für Webseitenbetreiber und derzeit in Deutschland eines der größten Payper-Klick Programme für Webseitenbetreiber. Adsense richtet sich dabei nicht speziell an Blogger sondern an sich an jeden der eine eigene Webseite besitzt und dort Werbung einblenden kann.

Bezahlt wird per Klick, pro User der auf eine Werbeanzeige klickt, wird ein bestimmter Betrag ausgeschüttet. Der Betrag richtet sich dabei nach dem Thema der Werbung: in hochpreisigen Bereichen wie Versicherungen oder Finanzprodukten liegt er höher als in anderen Bereichen.

Die Google Adsense Werbeblöcke sind dabei themenbezogen, dass heißt, sie passen sich automatisch dem Thema der Webseite an. Google hat dafür einen speziellen Adsense-Bot, der Seiten mit Werbung besucht und die Inhalte ausliest um passende Werbung einblenden zu können. Für Webseitenbetreiber ist das sehr praktisch, denn man kann einmalig ein Werbebanner in die Webseite einfügen und muss sich danach nicht mehr um die Anpassung der Werbung kümmern. Schreibt man heute einen Artikel zu Russland werden die entsprechenden Anzeigen eingeblendet, kommt morgen ein Beitrag zu Hasen steht in dem Beitrag ebenfalls die richtige Werbung – ganz automatisch und ohne jedes Eingreifen.

Dieses System der sogenannten contentsensitiven Werbung bringt viele Vorteile mit sich. Gerade bei Webseiten mit verschiedenen Inhalten oder mit Inhalten die häufig aktualisiert werden (Newsportale, Foren) bringt die Abstimmung der eingeblendeten Links auf den umgebenden Text eine wesentlich höhere Klickrate als normale Werbung, da hier Userinteressen direkt angesprochen werden.

Dazu kommt, das Google-Werbung selten Grafiken enthält (Grafiken lassen sich sogar ganz deaktivieren) und so werden die Anzeigen häufig gar nicht wirklich als Werbung wahrgenommen, sondern als Textangebot bzw. Zusatzinformationen. Dadurch steigt die Akzeptanz der angebotenen Links, was sich wiederum in einer höheren Klickrate niederschlägt.

Die Werbeblöcke sind im Design an die Website anpassbar. Alle Farben, der Hintergrund, Rahmen und Text lassen sich anpassen, so dass bei einer richtigen Gestaltung die Werbung vom Inhalt nur noch durch den Google-Schriftzug zu unterschieden ist. Diese Möglichkeiten lassen sich natürlich auch nutzen, um die Anzeige sehr auffällig zu gestalten.

Baufinanzierung günstig	Darlehen
Günstige Zinsen halten an - Guter Grund für langfristige Sicherung.	Schnell & einfach bei Geldkredit.de Direkt online beantragen!

Google-Anzeigen

Abbildung 13: Banner im Format 468x60 mit zwei Google Adsense Werbeblöcke enthalten außerdem meisten 2-4 Links sowie die entsprechende Anzahl an Beschreibungen.

Damit nutzt man die Werbefläche effektiver aus. Bei normalen Bannern wird in der Regel nur ein Anbieter beworben, Google-Werbeflächen verdoppeln oder vervierfachen dies und somit steigt die Chance, dass sich unter den Werbeangeboten eines befindet, das den Besucher wirklich interessiert.

Zu den normalen Adsense-Textblöcken gibt es auch reine Linkblöcke, die keinerlei Text Beschreibung enthalten, sondern nur Links.

Diese sind ebenfalls contentsensitiv und funktionieren nach den gleichen Prinzipien wie die Textanzeigen auch und sind besonders interessant für Linkbereiche. Viele Webseiten haben die Links im Bereich der Navigation eingebunden in der Hoffnung, dass User diese für Seitennavigationslinks halten. Allerdings bringt dies eher wenig, denn bei den Linkanzeigen wird erst der 2. Klick auf der Google Suchseite vergütet. Irreführung bewirkt da eher, dass User die Seite schnell wieder verlassen.

Leider hat Adsense nicht nur Vorteile. Der Hauptnachteil des Adsense-Systems liegt in der mangelnden Transparenz.
Im Nachhinein bekommt ein Webseitenbetreiber lediglich ein Auswertung über gemachte Klicks und die Vergütung, er kann nicht zuordnen, welche Links im Detail von den Besuchern geklickt wurden um diese Links gegebenenfalls zu optimieren. Einziges kleines Hilfsmitteln in diesem Bereich sind die sogenannten Channels, also Gruppierungen von Anzeigen zum etwa gleichen Thema oder im gleichen Bereich mit denen man ganz grob die Anzeigenarten überwachen kann.
Die Nutzung von Channels ist trotzdem dringend zu empfehlen. Hat man zum Beispiel Adsense-Werbeblöcke auf der Startseite auch auf einer weiteren Seite, ist es gut, beide unterschiedlichen Channels zuzuordnen. Dann kann man für jeden Channel eine extra Statistik anzeigen lassen und bekommt so die Daten von der Startseite und der anderen Seite getrennt. Auf diese Art lässt sich nachvollziehen, wie Besucher auf der Webseite navigieren und welche Seiten besonders gute oder schlechte Klickraten bringen.

Welche Links aber im Einzelnen eingeblendet wurden, oder welche Links besonders gute Vergütungen gebracht haben, diese Daten sind leider nicht verfügbar.
Bei Ebay finden sich manchmal Listen mit besonders guten und vergütungsstarken Links oder Wörtern. Davon sollte man eher die

Finger lassen, denn es lässt sich nicht nachvollziehen ob diese Daten wirklich stimmen und selbst wenn ändern sich solche Daten sehr schnell je nach Marktlage.

Durch diese Intransparenz der Werbung wird es sehr schwer vorauszuplanen oder verlässliche Vorhersagen zu machen. Teilweise schwanken die Einnahmen durch dass Programm bei gleicher Klickrate durch die User um 50% - einfach weil vergütungsschwächere Links eingeblendet wurde.

Ein anderes Problem besteht in der geringen Kontrolle der Inhalte. Letztendlich vermietet man als Blogger nur den Platz auf der eigenen Webseite, was dort als Werbung erscheint hängt einzig und allein von der Passung der Inhalte ab. So können auch problematische Werbung zu Abo-Systemen oder ähnlichen Konstruktionen erscheinen, ohne dass man dies kontrollieren könnte. Adsense bietet zwar eine Liste auszuschließender Webseiten an, über die man steuern kann, welche Links nicht erscheinen sollen, allerdings kann man erst dann Anzeigen auf die Bannliste setzen, wenn man sie kennt, also wenn sie bereits eingeblendet wurden. Zudem ist diese Liste auf 200 URLs pro Konto begrenzt.

Trotz dieser Probleme ist Adsense nach wie vor das empfehlenswerteste System für die Generierung von Einnahmen, da es ohne großen Aufwand und Vorkenntnisse Einnahmen erzielt.

Aufgrund der Beliebtheit von Adsense gibt es mittlerweile für Wordpress eine Vielzahl von Plugins, die den Einbau und die Anzeige von Adsense-Anzeigen vereinfachen und steuern. In der Regel reicht der Einbau eines Plugins, über das die Anzeigen im Blog angezeigt werden.

Plugins zur Anzeige von Adsense-Werbeblöcken:

- Adsense Deluxe
  http://www.acmetech.com/blog/adsense-deluxe/
- Adsense Injektion
  http://wordpress-plugins.biggnuts.com/adsense-plugin/
- MightyAdsense
  http://mightyhitter.com/main-page/plugins/mightyadsense/

Die Plugins unterscheiden sich dabei nur im Detail, so kann Adsense Deluxe auch andere Contentwerbung anzeigen, MightyAdsense bindet Anzeigen automatisch ein ohne Eingriff in die Theme-Dateien.

Darüber hinaus kann es sinnvoll sein, Plugins zu nutzen, die die Anzeigen noch etwas modifizieren, in dem sie Grafiken hinzufügen um die Klickraten für die Anzeigen zu erhöhen. Die Gefahr dabei ist jedoch immer, dass Adsense derartige Modifikation als

Klickmissbrauch wertet und entsprechende Seiten sperrt. Bevor man diese Plugins einsetzt, sollte man vorher die Nutzungsbedingungen von Adsense genauestens lesen um zu vermeiden, den Adsense-Account zu verlieren.

- Adsense Beautifier
  http://www.supriyadisw.net/2006/07/adsense-beautifier

4.6 Affiliate Netzwerke

Wer selbst Werbung aussuchen und schalten möchte, ist mit Affiliate-Netzwerken am besten beraten. Diese Netzwerke sind Plattformen auf denen Werbetreibende ihre Kampagnen einstellen können und diese dann nach einer Anmeldung für jeden Webseitenbetreiber zur Verfügung stehen.

So kann man sich zum Beispiel direkt für Werbeprogramme von Reiseanbietern bewerben, wenn man im eigenen Blog Reisewerbung anbieten möchte.

Die Abrechnung der Einblendungen und Vergütungen erfolgt dabei durch das Netzwerk, neben der Einbindung der Werbemittel im Blog muss an sich nichts weiter getan werden.

Affiliate Netzwerke sind dann interessant wenn man einen sehr themenspezifischen Blog hat. Dann kann man passende Werbepartner direkt auswählen und gezielt auf der eigenen Seite einbinden. Die Provisionen sind meist höher, dafür wird in der Regel erst vergütet, wenn eine Useraktion wie eine Anmeldung oder ein Verkauf stattfindet.

Anders als bei Adsense kann und muss man bei Affiliate Netzwerken die Werbung selbst einbinden. Um die Besucher mit Werbung nicht zu langweilen, sollten mehrere Banner in Rotation laufen, 5-10 Banner pro Werbeplatz sorgen dafür, dass keine Werbeblindheit beim User entsteht. Dazu kann man auch Banner des gleichen Anbieters nutzen, die für verschieden Produkte werben.
Die Rotation verschiedener Banner auf einem werbeplatz lässt sich dabei über Plugins recht einfach realisieren. Dabei wird ein jeweils ein Werbeplatz eingebunden, der über das Admin-Interface mit den entsprechenden Bannern aus den Netzwerken bestückt wird.

Plugins:

- Banner Admin
  http://wp-plugins.net/wpp2/download.php?id=553
- Wordpress Banner Plugin
  http://wp-plugins.net/wpp2/download.php?id=2660
- WP ad-manager
  http://wp-plugins.net/wpp2/download.php?id=2477

Einige Werbenetzwerke wie Zanox bieten zu diesem Zweck auch integrierte Werbeserver. Diese können mit verschiedenen Bannern bestück werden und lassen diese dann auf einem Werbeplatz rotieren. Für größere Blogs kann es sich zudem lohnen, einen externen Werbeserver aufzusetzen und dort die Werbung zu verwalten.

Im Endeffekt erfordert die Werbung direkt per Affiliate Netzwerke mehr Zeit und Wissen, lohnt sich dafür aber in der Regel auch mehr.

Links:

- ZANOX
  http://www.zanox.de
- BELBOON
  http://www.belboon.de
- AFFILINET
  http://www.affili.net
- TRADEDOUBLER
  http://www.tradedoubler.de/
- SUPERCLIX (viele Programm ohne vorherige Bewerbung)
  http://www.superclix.de/

4.7 Sponsornetzwerke:

Sponsornetzwerke sind ähnlich aufgebaut wie Google Adsense, bieten jedoch nicht die Themenbezogenheit der Werbung.
Man vermietet einen Platz im eigenen Blog an ein Sponsornetzwerk

und bekommt dafür eine Provision nach Klick oder Einblendung. Das Sponsornetzwerk selbst entscheidet, welche Werbung eingeblendet wird.

Die Vergütung liegt meist sehr niedrig, dafür werden auch Werbeformen angeboten, die sich in anderen Bereichen weniger lohnen würden. So gibt es in diesem Bereich die einzige standardisierte Viewvergütung für Layerwerbung. Ob man die Leser des eigenen Blogs mit Layern und Popups nerven will, muss dabei jeder selbst entscheiden.

4.8 Blogwerbung

Mit der zunehmenden Popularität von Blogs haben sich auch Spezialformen der Vermarktung entwickelt, die nur auf Blogs abzielen.

So gibt es Dienste wir Trigami oder Blogpay, die gezielt Blogeinträge vermarkten. Werbetreibende können so Einträge in Blogs kaufen, der

Blogger bekommt für den Eintrag entsprechend eine Provision. Nach einer Bewerbung bei den entsprechenden Diensten, bei der unter anderem auch genaue Zahlen zu den Zugriffen im Blog angegeben werden müssen, wird ein Blog für den Dienst freigeschaltet und ein Werbetreibender kann sich diesen Blog für Werbung aussuchen.

Der bezahlte Eintrag im Blog selber wird dabei vom Bloginhaber selbst verfasst, muss aber durch den Werbetreibenden freigegeben werden. Zu kritische Beiträge sind damit kaum möglich, da für diese Artikel dann in der Regel keine Vergütung freigegeben wird. Als Autor ist man wohl oder über gezwungen, einen mehr oder weniger positiven Artikel zu verfassen, da sonst kein Geld fließt.

Bedenken gibt es in diesem Bereich auch aufgrund der Vermischung von Inhalten und Werbung. Mit einem Werbebanner von Adsense sind die Inhalte des Blogs und die Werbung klar getrennt – ein bezahlter Artikel bedeutet jedoch, dass man direkt den Inhalt als Werbung nutzt. Trigami-Artikel müssen gekennzeichnet sein um klar zu definieren welche Einträge bezahlt sind und welche nicht, viele Autoren lehnen dieses Modell aber trotzdem ab.

4.9 Abrechnung von Provisionen

Je nach Art der Werbung erfolgt die Vergütung in unterschiedlichen Intervallen.

Innerhalb von Sponsornetzwerken funktioniert die Abrechnung relativ einfach. Guthaben wird angesammelt durch das Einblenden von Bannern oder Popups und ausgezahlt sobald ein gewisser Stand erreicht ist oder eine Auszahlung angefordert wird. Die meisten Netzwerke haben monatliche Termine zu denen ausgezahlt wird.

Google Adsense vergütet nach einen festen Schema das ähnlich aufgebaut ist. Am Ende eines Monats wird der Endstand ausgegeben, der dann zum 28. des Folgemonats ausgezahlt wird. Seit einiger Zeit gibt es bei Google auch die Überweisung, so dass das Geld relativ schnell auf dem Konto ist. Vorher musste man auf den Scheck durchaus noch einige Tage warten da dieser aus den USA kam. Zudem dauerte die Einlösung und Wertstellung nochmal 10-14 Tage.

Bei Partnerprogrammen erfolgt die Abrechnung etwas komplizierter. Die Leads oder Sales müssen erst durch den Merchant freigegeben werden bevor sie abgerechnet werden können. Diese Freigabe erfolgt in der Regel sobald das zugrunde liegende Geschäft abgeschlossen ist. Bei einem Handyvertrag würde zum Beispiel die Freigabe erfolgen, sobald der Vertrag unterschrieben und das Geld überweisen wurde.

Dies kann sich durchaus 40-80 Tage hinziehen. Bei den meisten Partnerprogrammen bekommt man vorab Infos, wie lange es normalerweise dauert bis die Transaktionen freigegeben werden.
In dieser Zeit kann es natürlich auch vorkommen, dass Leads und Sales nicht bestätigt werden. Durch das Widerrufsgesetz haben Kunden 14 Tage Zeit ohne Folgen vom Vertrag zurückzutreten. Oft wird aber auch ohne einen solchen Rücktritt nicht bezahlt. Diese Transaktionen werden dann nicht freigegeben, sie werden **storniert** - es wird also nichts vergütet.

Fehler und Probleme

5.1 Double Content

5.2 Die Sandbox

5.1 Double Content

Double Content bezeichnet gleiche Inhalte, die unter verschiedenen Domains oder URLs gefunden werden. Google wertet solche Inhalte ab bzw. Lässt nur den ursprünglichen Inhalt im Hauptindex zu.

Ursprünglich war dieses System gedacht um zu verhindern, das Spammer mit Kopien von freien Texten wie der Wikipedia Millionen Seiten ins Netz stellen. Mittlerweile funktioniert dieses System aber bereits bei einer kleinen Anzahl identischer Texte und betrifft damit auch Blogs. Wordpress macht es Nutzern sehr einfach, doppelte Inhalte zu erstellen, denn neue Artikel sind immer unter verschiedenen URLs aufrufbar. So gibt es neben der normalen Ansicht auch noch die Kategorienansicht, Mehrfacheinträge in verschieden Kategorien sorgen für die gleichen Inhalte bei jeweils unterschiedlichen Kategorien und Druckansichten bringen den gleichen Inhalt ebenfalls unter einer anderen URL.

Das Problem mit doppelten Kategorien und der Listung der Inhalte in den Archiven kann man recht simpel umgehen. Dazu reicht es, im Theme nicht den Volltext eines Artikels anzeigen zu lassen sondern nur die Kurzfassung. In den entsprechenden Theme-Dateien muss dafür nur der Befehl the_content() durch the_excerpt() ausgetauscht werden.

Abbildung 14: Kurzansicht eines Artikels bei Nutzung der Exzerpt-Funktion

Damit finden sich in den entsprechenden Unteransichten nicht mehr die kompletten Artikel sondern nur noch die ersten 150 Zeichen – die Gefahr doppelter Inhalte besteht damit nicht mehr.

Für Kategorienansichten kann man individuell für jede Kategorie eine Beschreibung angeben, die dann (je nach Theme) oberhalb der Kategorienansicht eingeblendet wird. Dies ist nicht nur praktisch für den Leser, da durch diese Beschreibung sofort klar ist wo er sich gerade befindet, sondern sorgt auch in Kombination mit den Artikeln für neuen Content, der so noch nicht im Blog vorhanden ist – damit ist die Gefahr doppelten Content zu erzeugen zumindest in den Kategorienansichten gebannt. Die Beschreibung kann dabei einfach im Administrationsmenü unter Kategorien eingefügt werden. Zeigt das benutzte Theme standardmäßig keine Kategorienbeschreibungen an, kann man dies mit dem Befehl

```
<?php echo category_description(); ?>
```

nachholen. Meistens wird die Ausgabe der Kategorien über die Datei archive.php gesteuert, dort muss dann dieser Befehl über dem eigentlichen Inhalt eingefügt werden. Für Kategorien bietet sich dann auch an, diese Beschreibung als Metag-Description zu verwenden.

Für Pluginansichten wie Druckansicht oder Emailansicht sollte man mit einem noindex oder einem nofollow-Tag arbeiten. Diese Plugins generieren ohnehin reine Arbeitsseiten die nichts im Google-Index verloren haben, daher kann man sie auch von vornherein ausschließen.

Am einfachsten geht die Steuerung der Noindex-Seiten per Plugin. All-in-One-SEO bietet zum Beispiel dazu einfache Optionen mit denen man bestimmen kann, welche Seiten indexiert werden sollen und welche nicht. Kategorien und Archive können dabei grundsätzlich ausgeschlossen werden. Damit verliert man allerdings auch Seiten im Index, denn nicht indexierte Seiten werden natürlich auch nicht gefunden. Der bessere Weg ist daher die Nutzung der optionalen Kurzfassung, nur wenn das nicht geht sollte man noindex-Tags nutzen.

RSS-Feeds erzeugen seit Ende 2007 keinen Double Content mehr, da sie von Google nicht mehr indexiert werden.
Aufgrund dieser Änderung ist es nicht mehr nötig RSS-Feeds für die Suchmaschinen auszuschließen – sie werden zumindest von Google ohnehin nicht mehr erfasst.

Links:

- All in One SEO Pack
  http://wp.uberdose.com/2007/03/24/all-in-one-seo-pack/

Neben den doppelten Ansichten gibt es immer das Problem, dass Domains unter verschiedenen Aufrufvarianten erreichbar sind. So lassen sich fast alle Domains sowohl mit einem www. Davor als auch ohne diesen Zusatz aufrufen. Für Google bedeutet dies, dass jede Seite unter mindestens 2 verschiedenen URLs zu finden ist – ein klarer Fall von DC also.

Dies lässt sich am einfachsten beheben, in dem man in der htaccess-Dateien eine Standarddomain definiert und alle Anfragen auf diese Standarddomain umleitet. Voraussetzung dafür ist natürlich, dass die htaccess existiert und ausgelesen werden kann, mod_rewrite muss also aktiviert sein.

Am Anfang der Datei .htaccess einfügen:

> RewriteCond %{HTTP_HOST}
> !^www\.domainName\.de$
> RewriteRule ^(.*)$ http://www.domainName.de/$1
> [L,R=301]

Als Domainname muss dabei natürlich der Name der eigenen Domain eingesetzt werden. Diese Anweisung leitet alle Anfragen immer auf die URL-Variante mit "www" um. Selbst wenn die Domain anders aufgerufen wird, landen Besucher immer auf der Standarddomain. Wichtig dabei ist, dass auch andere URLs umgeschrieben werden. Ein Link auf eine bestimmte Datei oder ein Unterverzeichnis der Domain würde ebenfalls so umgeschrieben, das er auf die Domainvariante mit "www" zeigt. Bereits bestehende Links sind damit nach wie vor nutzbar und die Rückmeldung 301 zeigt Google an, dass hier eine Seite dauerhaft verschoben wurde.

Google findet damit nur noch eine Art von URLs, nämlich die "www"-Domain, damit gibt es keinen doppelten Content mehr.

Die gute Nachricht zum Schluss: Selbst wenn Google doppelte Inhalte findet, werden nur die Plagiate entwertet. Der Haupttexte (der zeitlich zuerst im Index war) bleibt ohne Abwertungen erhalten und die Abwertung der doppelten Texte bezieht sich auch nur auf die Seite mit den Texten nicht auf die komplette Domain. Nur wenn die Domain aus zu vielen Seiten mit doppelten Content bestehen kann sich das auch auf die gesamte Domain auswirken.

5.2 Die Sandbox

Google nutzt eine Art Sicherheitssystem um Domains, die zu stark optimiert worden sind, herauszufiltern. Dieses System firmiert unter den Namen "Sandbox" und betrifft in erster Linie neuen Domains. Ziel dieses Sicherheitssystems ist es zu verhindern, dass neue Domains durch Linkspam sehr schnell sehr gute Positionen erreichen und etablierte Domains verdrängen.

In der Sandbox werden die Suchergebnisse nur sehr weit hinten gerankt. Auch stark optimierte Seiten kommen über Top30 Platzierungen nicht hinaus, sind damit für die relevanten Positionen nicht mehr von Bedeutung. Wenn dieser Filter aktiviert ist, gilt er weiter auch wenn die Domain älter wird.

Der beste Weg um schnell in die Sandbox zu geraten sind viele starke Links, die schnell und mit gleichen Texten auf die Domain gesetzt werden.
Gerade bei Domains die jünger als ein Jahr sind sollte man pro Woche nicht mehr als 10-20 Links setzen und dabei auch darauf achten, dass der Linktext variiert. Noch besser ist eine Mischung aus Links auf die Hauptseite und Deeplinks mit jeweils unterschiedlichen Linktexten. Wichtig für die Beurteilung ist auch die Stärke der Links. Backlinks von Seiten mit einem Pagerank 7 oder 8 sind am Anfang für eine neue Domain ein sicherer Weg in die Sandbox zu geraten. Insbesondere wenn außer diesen Links kaum andere auf die Domain zeigen.
Je organischer und gewachsener eine Linkstruktur aussieht, desto geringer ist die Gefahr in die Sandbox abgeschoben zu werden. Als Webmaster sollte man daher der Versuchung widerstehen, eine Domain schnell in die Top-Suchergebnisse pushen zu wollen. Besser ist ein langsamer aber dafür kontinuierlicher Linkaufbau der geduldig durchgeführt wird.
In verschiedenen Foren finden sich immer wieder Angebote von

Eintragungsdiensten, entweder in Artikelverzeichnisse oder Webkataloge. Auch hier sollte man aufpassen, dass diese Eintragungen nicht zu schnell erfolgen. Professionelle Dienst geben an, wie viele Links pro Monat gesetzt werden bzw. Lassen den Käufer entscheiden wie schnell oder langsam der Linkaufbau erfolgen soll.

Beim Start eines Blogs sollte aus diesem Grund auch darauf verzichten, Multiplikatorsysteme wie RSS-Verzeichnisse oder Newsportale zu nutzen, die automatisch per RSS-Feed Nachrichten aus dem Blog holen und mit Backlink publizieren.

Diese Systeme sind zwar nützlich, bedeuten jedoch auch viele schnelle Backlinks die sich kaum kontrollieren lassen. Der Einsatz solcher Systeme ist daher erst für ältere Blogs empfehlenswert.

Ist eine Domain in der Sandbox gelandet hilft erstmal nur eines: viel Geduld. Es gibt diverse Anleitungen wie man der Sandbox entkommen kann, die Variante mit der besten Erfolgsaussicht ist leider auch die am schwierigsten umzusetzende: der Umzug der Domain. Eine neue IP wird von Google meist als neuer Besitzer gewertet und damit wird die Domain aus der Sandbox befreit, zumindest in der Theorie. Eine andere IP bekommt man nur, wenn man auf einen anderen Server wechselt. Bei V-Servern und Shared Webspace kann es passieren, dass man den Anbieter wechseln muss, um eine neuen IP zu bekommen. Häufig wird empfohlen, den

Linkaufbau zu verstärken. Das ist allerdings keine sichere Lösung, wenn es funktioniert hat man aber zumindest bei der Optimierung der Seite keine Zeit verloren.

Der Sandbox Filter ist in vielen Fällen nur vorübergehend. Wenn man sich nicht darum kümmert und den Aufbau der Domain ganz normal fortsetzt, wird die Domain nach einiger Zeit (6-12 Monate) auch ohne zutun aus der Sandbox wieder auftauchen.

Literaturverzeichnis:

1. Gruner+Jahr Media,
   http://www.presseportal.de/pm/6329/1063414/gruner_jahr_stern

2. Blogcensus Report November 2007,
   http://blog.blogcensus.de/2007/11/19/blogcensus-report-november-2007-2/

3. GNU General Public License,
   http://www.gnu.org/copyleft/gpl.htm

4. Webhits Auswertung,
   http://www.webhits.de/deutsch/index.shtml?webstats.html

5. Studie Klickverhalten,
   http://www.cs.cornell.edu/People/tj/publications/joachims_etal_05a.pdf

6. Onestat Search Phrases,
   http://www.onestat.com/html/aboutus_pressbox45-search-phrases.html

7. State of the Blogosphere, April 2006 Part 1: On Blogosphere Growth, http://www.sifry.com/alerts/archives/000432.html

8. The State of the Live Web, April 2007, http://technorati.com/weblog/2007/04/328.html

9. Yahoo FAQ, http://eur.help.yahoo.com/help/de/ysearch/ysearch-06.html

10. Did-it, Enquiro, and Eyetools Uncover Google's Golden Triangle, http://www.prweb.com/releases/2005/3/prweb213516.htm

11. Google FAQ, https://www.google.com/adsense/support/bin/answer.py?answer=17954

12. Bitkom Zahlen http://www.pressebox.de/pressemeldungen/bitkom-bundesverband-informationswirtschaft-telekommunikation-und-neue-medien-ev/boxid-131494.html

13. DMOZ OpenDirectory Projekt
http://www.dmoz.org

14. Google Webmaster Blog
http://googlewebmastercentral.blogspot.com/2007/09/improve-snippets-with-meta-description.html

www.ingramcontent.com/pod-product-compliance
Lightning Source LLC
Chambersburg PA
CBHW050217230526
45470CB00001B/422